Wissensseiten

aus dem Lehrbuch
Mathematik interaktiv
Klasse 10

HINWEIS
Statt Exponent sagt man auch Hochzahl.
Sprechweise:
a^n: „a hoch n"

Erinnere dich: Ein Produkt aus gleichen Faktoren kann man kürzer als Potenz schreiben.
Dabei darf die Basis a eine beliebige reelle Zahl sein, n ist eine positive ganze Zahl.

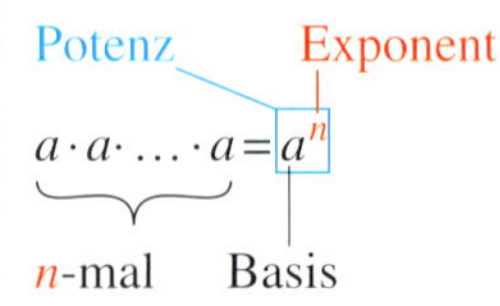

HINWEIS
Berechnung mit dem Taschenrechner:

7^3 **7** **x^y** **3** **=**

Nicht bei allen Taschenrechnern sind die Symbole für die Tasten gleich. Lies in der Bedienungsanleitung deines Taschenrechners nach.

Beispiel

$7 \cdot 7 \cdot 7 \cdot 7 = 7^4 = 2401$ $\quad$ $0{,}4^3 = 0{,}4 \cdot 0{,}4 \cdot 0{,}4 = 0{,}064$ $\quad$ $\left(\frac{1}{5}\right)^2 = \frac{1}{5} \cdot \frac{1}{5} = \frac{1}{25}$

Eine Zahl hoch 1 ist immer die Zahl selbst; $a^1 = a$. Beispiel: $4^1 = 4$; $2{,}7^1 = 2{,}7$

Die Potenzschreibweise lässt sich auch auf nicht positive Exponenten erweitern.

Beispiel

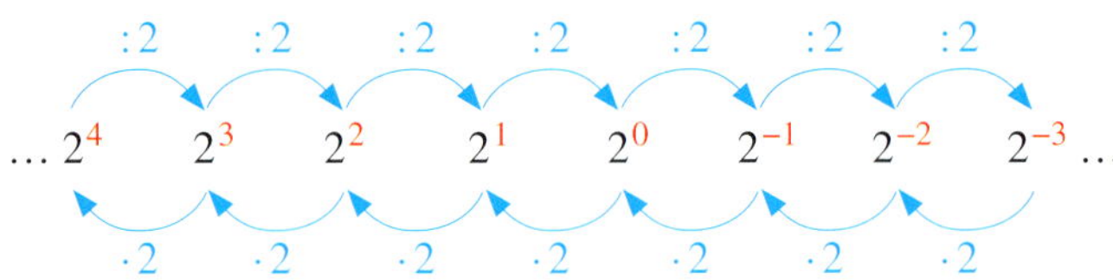

HINWEIS
$0^1 = 0$, aber 0^0 ist nicht definiert.

Eine Zahl hoch 0 ist immer 1.
Nur 0^0 ist nicht definiert.
Eine Zahl hoch $-n$ anzugeben bedeutet, von der Zahl hoch n den Kehrwert zu bilden.

$a^0 = 1$ für $a \neq 0$

$a^{-n} = \frac{1}{a^n}$ für $a \neq 0$, $n \in \mathbb{N}$

Beispiel

$3^{-2} = \frac{1}{3^2} = \frac{1}{9}$ $\quad$ $4^{-5} = \frac{1}{4^5} = \frac{1}{1024}$ $\quad$ $2 \cdot 5^{-3} = \frac{2}{5^3} = \frac{2}{125}$

HINWEIS
Drückt man wie in den beiden Beispielen eine Zahl als Produkt aus einer Dezimalzahl zwischen 1 und 10 (dabei 1, aber nicht 10 eingeschlossen) und einer Zehnerpotenz aus, so spricht man von der ***wissenschaftlichen Schreibweise*** *oder* ***Scientific notation***.

Sehr große und sehr kleine Zahlen sind in der Dezimalzahlschreibweise schnell unübersichtlich. Für Zahlen wie 10 000 000 000 000 oder 0,000 000 000 000 000 7 reichen auch viele Taschenrechnerdisplays nicht aus. Solche Zahlen lassen sich übersichtlich als Produkt aus einer Zehnerpotenz und einer Dezimalzahl ausdrücken.

Beispiel

15 Billionen $= 15\,000\,000\,000\,000 = 1{,}5 \cdot 10^{13}$

$0{,}000\,000\,000\,027\,5 = \frac{2{,}75}{10^{11}} = 2{,}75 \cdot 10^{-11}$

HINWEIS
Bei vielen Taschenrechnern kann der Exponent der Zehnerpotenz mit der Taste **EXP** *eingegeben werden.*

Für ein Produkt aus einer Dezimalzahl und einer Zehnerpotenz gilt:
Ein **positiver Exponent** gibt die Kommaverschiebung nach **rechts** an,
ein **negativer Exponent** gibt die Kommaverschiebung nach **links** an.

ERINNERE DICH
Beim Rechnen sollten die Vorrangregeln beachtet werden:
1. *Berechnung der Potenz*
2. *Punktrechnung*
3. *Strichrechnung*
4. *von links nach rechts rechnen*

HINWEIS
Alle Rechenregeln gelten auch für negative Exponenten.

Mit Potenzen lässt sich gut rechnen. Es gibt einige Rechenregeln für das Rechnen mit Potenzen.
Man berücksichtigt die Fälle, ob Potenzen mit gleicher Basis oder Potenzen mit gleichen Exponenten vorliegen.

Potenzen mit gleicher Basis (ungleich null) werden multipliziert bzw. dividiert, indem die Exponenten addiert bzw. subtrahiert werden. Die Basis bleibt gleich.

$a^p \cdot a^q = a^{p+q}$

$a^p : a^q = \frac{a^p}{a^q} = a^{p-q}$

Beispiel

$$3^3 \cdot 3^2 = \underbrace{\underbrace{3 \cdot 3 \cdot 3}_{\text{3-mal}} \cdot \underbrace{3 \cdot 3}_{\text{2-mal}}}_{\text{5-mal}} = 3^{3+2} = 3^5$$

$$4^{-3} \cdot 4^{-7} = \frac{1}{4^3} \cdot \frac{1}{4^7} = \frac{1}{4^3 \cdot 4^7} = \frac{1}{4^{3+7}} = \frac{1}{4^{10}} = 4^{-10} = 4^{-3+(-7)}$$

$$4^5 : 4^3 = \frac{4^5}{4^3} = \frac{4 \cdot 4 \cdot \cancel{4}^1 \cdot \cancel{4}^1 \cdot \cancel{4}^1}{\cancel{4}^1 \cdot \cancel{4}^1 \cdot \cancel{4}^1} = 4^2 = 4^{5-3}$$

$$6^{-5} : 6^{-4} = \frac{1}{6^5} : \frac{1}{6^4} = \frac{6^4}{6^5} = \frac{1}{6} = 6^{-1} = 6^{-5-(-4)}$$

ERINNERE DICH
$a^{-3} = \frac{1}{a^3}$

HINWEIS
Die Mehrzahl von Basis heißt Basen.

Potenzen mit gleichem Exponenten werden multipliziert bzw. dividiert, indem die beiden Basen (ungleich null) multipliziert bzw. dividiert werden und der Exponent erhalten bleibt.

$a^p \cdot b^p = (a \cdot b)^p$

$a^p : b^p = \frac{a^p}{b^p} = (a : b)^p$

Beispiel

$$7^3 \cdot 5^3 = \underbrace{7 \cdot 7 \cdot 7}_{\text{3-mal}} \cdot \underbrace{5 \cdot 5 \cdot 5}_{\text{3-mal}} = \underbrace{(7 \cdot 5) \cdot (7 \cdot 5) \cdot (7 \cdot 5)}_{\text{3-mal}} = (7 \cdot 5)^3 = 35^3$$

$$15^2 : 5^2 = \frac{\overbrace{15 \cdot 15}}{\underbrace{5 \cdot 5}_{\text{2-mal}}} = \frac{15}{5} \cdot \frac{15}{5} = \left(\frac{15}{5}\right)^2 = (15 : 5)^2 = 3^2$$

(2-mal 2-mal)

$$3^{-5} \cdot 4^{-5} = \frac{1}{3^5} \cdot \frac{1}{4^5} = \frac{1}{3^5 \cdot 4^5} = \frac{1}{(3 \cdot 4)^5} = \frac{1}{12^5} = 12^{-5}$$

Potenzen können auch potenziert werden.

Potenzen werden potenziert, indem die Exponenten multipliziert werden und die Basis (ungleich null) erhalten bleibt.

$(a^p)^q = a^{p \cdot q}$

Beispiel

$$(3^2)^4 = 3^2 \cdot 3^2 \cdot 3^2 \cdot 3^2 = 3^8 = 3^{2 \cdot 4}$$

$$(4^{-2})^3 = \frac{1}{4^2} \cdot \frac{1}{4^2} \cdot \frac{1}{4^2} = \frac{1}{(4^2)^3} = \frac{1}{4^6} = 4^{-6} = 4^{-2 \cdot 3}$$

Gebrochene Exponenten

HINWEIS
Statt Wurzelziehen sagt man auch Radizieren.

Erinnere dich: Bei nicht negativen Zahlen ist das Quadratwurzelziehen eine Umkehrung des Quadrierens und das Quadrieren eine Umkehrung des Quadratwurzelziehens.
Zum Beispiel ist 81 gleich 9^2, also ist die Quadratwurzel von 81 die Zahl 9; *Schreibweise*: $\sqrt{81} = 9$.
Dieser Zusammenhang wird auch auf andere Potenzen als 2 übertragen:

HINWEIS
Statt $\sqrt[2]{a}$ *schreibt man meist* $\sqrt{a}$.
Wie bei der Quadratwurzel gilt:
$(\sqrt[6]{13})^6 = 13$
$\sqrt[6]{13^6} = 13$
$1024 = 2^{10}$
weil $\sqrt[10]{1024} = 2$
$1024 = 4^5$
weil $\sqrt[5]{1024} = 4$
$1024 = 32^2$
weil $\sqrt[2]{1024} = 32$

Eine Umkehrung des Potenzierens ist das Wurzelziehen.
Die n-te Wurzel aus einer nicht negativen reellen Zahl a ist die nicht negative Zahl x für die gilt $x^n = a$.
Schreibweise: $\sqrt[n]{a} = x$

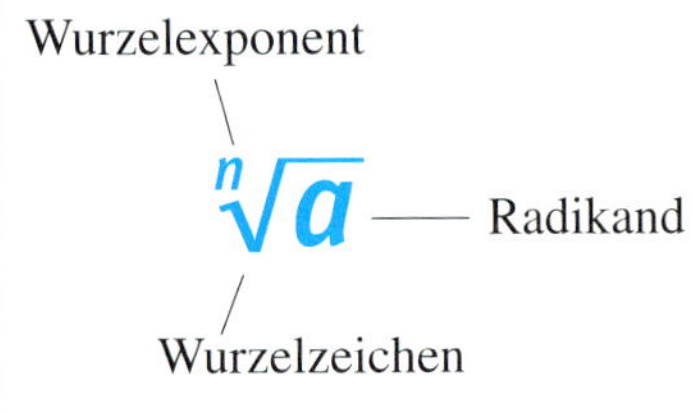

Beispiel

$125 = 5^3$, also ist 5 die dritte Wurzel von 125.
Schreibweise: $\sqrt[3]{125} = 5$

$1\,024 = 4^5$, also ist 4 die fünfte Wurzel von 1024.
Schreibweise: $\sqrt[5]{1024} = \sqrt[5]{4^5} = 4$

Die Potenzschreibweise lässt sich auch auf rationale Exponenten erweitern.

Für nicht negative reelle Zahlen a und natürliche Zahlen $n > 0$ legt man fest: $a^{\frac{1}{n}} = \sqrt[n]{a}$.

ERINNERE DICH
1. $a^p \cdot a^q = a^{p+q}$
   $a^p : a^q = a^{p-q}$; $a \neq 0$
2. $a^p \cdot b^p = (a \cdot b)^p$
   $a^p : b^p = (a : b)^p$; $b \neq 0$
3. $(a^p)^q = a^{p \cdot q}$

Der Term $a^{\frac{1}{n}}$ ist also nur eine andere Schreibweise für die n-te Wurzel aus a.

Beispiel

$125^{\frac{1}{3}} = \sqrt[3]{125} = 5$
$9^{\frac{1}{3}} = \sqrt[3]{9} \approx 2{,}08$, das Ergebnis ist eine irrationale Zahl.

Für nicht negative reelle Zahlen a und natürliche Zahlen n, $m > 0$ legt man fest: $a^{\frac{n}{m}} = \sqrt[m]{a^n}$.

Beispiel

$\sqrt[5]{1024} = \sqrt[5]{32^2} = 32^{\frac{2}{5}} = 4$

$\sqrt[3]{3^2} = (3^2)^{\frac{1}{3}} = 3^{2 \cdot \frac{1}{3}} = 3^{\frac{2}{3}} \approx 2{,}08$

Die Schreibweise von Wurzeltermen mithilfe von rationalen Exponenten bietet große Vorteile beim Rechnen mit den Termen.

HINWEIS
Da jeder Bruch als Dezimalzahl geschrieben werden kann, können die Exponenten auch Dezimalzahlen sein.
Beispiel: $4^{0,5} = 4^{\frac{1}{2}} = \sqrt{4}$

Potenzen mit rationalen Exponenten wurden so definiert, dass alle Rechenregeln für die Potenzrechnung auch für rationale Exponenten gelten.

Beispiel

$5^{\frac{2}{3}} \cdot 5^{\frac{1}{2}} = 5^{\frac{2}{3}+\frac{1}{2}} = 5^{\frac{4}{6}+\frac{3}{6}} = 5^{\frac{7}{6}}$

$\left(5^{\frac{1}{4}}\right)^3 = 5^{3 \cdot \frac{1}{4}} = 5^{\frac{3}{4}}$

$5^{\frac{2}{3}} : 5^{\frac{1}{2}} = 5^{\frac{2}{3}-\frac{1}{2}} = 5^{\frac{4}{6}-\frac{3}{6}} = 5^{\frac{1}{6}}$

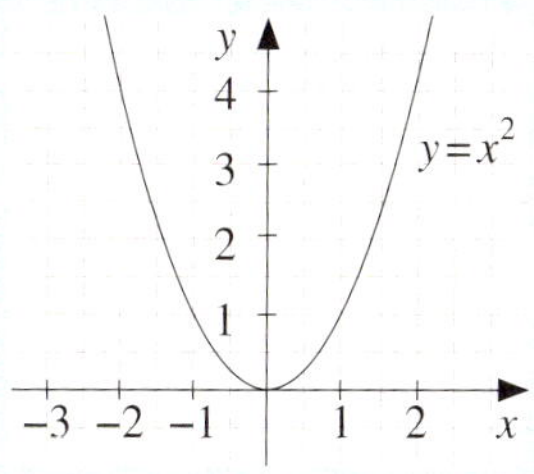

Erinnere dich: Die Funktion mit der Funktionsgleichung $y=x^2$ ist eine quadratische Funktion. Ihr Graph (siehe Randspalte) heißt Normalparabel.

Eine Funktion mit der Funktionsgleichung $y=x^n$ für eine ganze Zahl n heißt *Potenzfunktion*.

Man unterscheidet Potenzfunktionen danach, ob der Exponent n positiv oder negativ ist und ob n gerade oder ungerade ist.

HINWEIS
*Die Graphen zu der Funktionsgleichung $y=x^n$ für ungerades n nennt man auch **Wendeparabeln**.*

Positive Exponenten: Parabeln

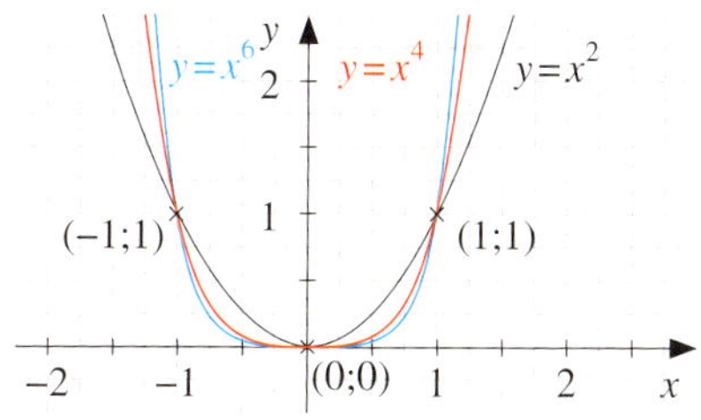

Funktionsgleichung: $y=x^n$, n gerade
Die Graphen sind achsensymmetrisch zur y-Achse und verlaufen durch die Punkte (0;0), (1;1) und (−1;1).

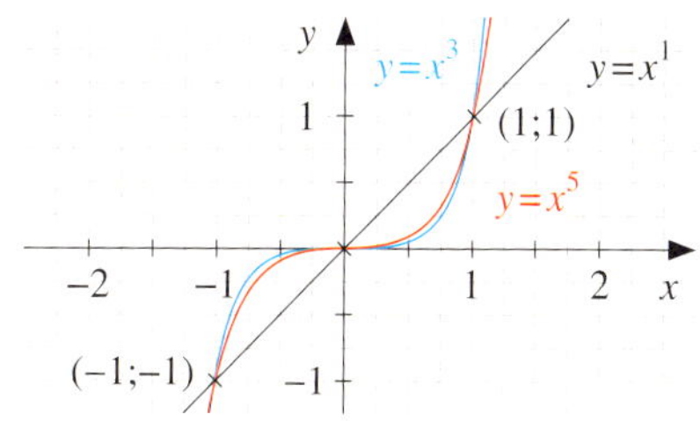

Funktionsgleichung: $y=x^n$, n ungerade
Die Graphen sind punktsymmetrisch zum Ursprung und verlaufen durch die Punkte (0;0), (1;1) und (−1;−1).

HINWEIS
Der Definitionsbereich einer Potenzfunktion ist häufig die Menge der reellen Zahlen. Bei nicht positiven Exponenten muss die Null ausgeschlossen werden.

ERINNERE DICH
Eine Funktion mit einer Gleichung der Form $y=\frac{k}{x}$ heißt antiproportional.
Eine Funktion mit der Gleichung $y=x^{-1}=\frac{1}{x}$ ist eine antiproportionale Funktion.

Negative Exponenten: Hyperbeln

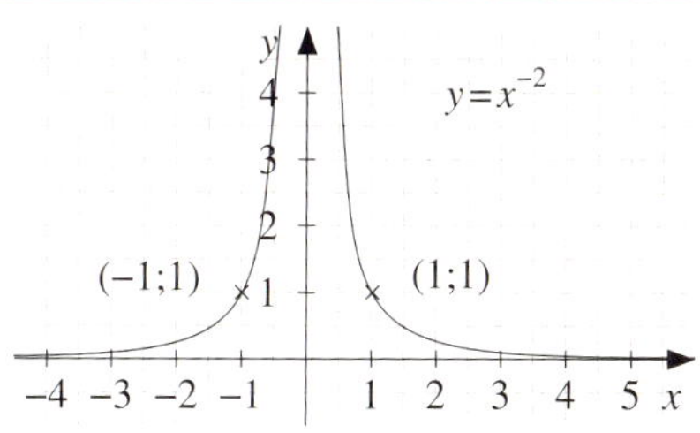

Funktionsgleichung: $y=x^n$, n gerade
Die Graphen sind achsensymmetrisch zur y-Achse und verlaufen durch die Punkte (1;1) und (−1;1).

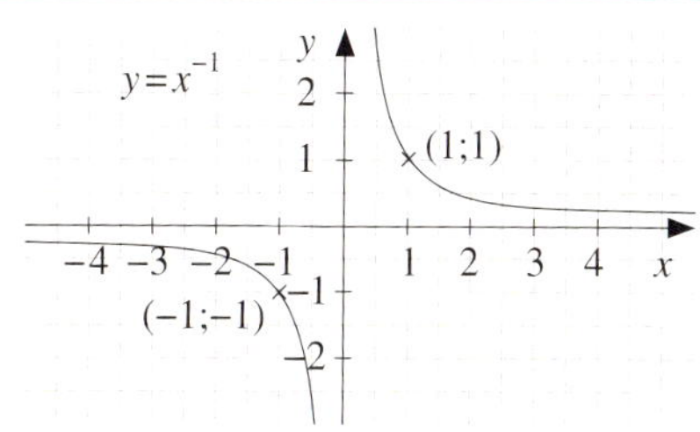

Funktionsgleichung: $y=x^n$, n ungerade
Die Graphen sind punktsymmetrisch zum Ursprung und verlaufen durch die Punkte (1;1) und (−1;−1).

HINWEIS
Den Graphen der Wurzelfunktion erhält man, wenn man den rechten Teil der Normalparabel an der Winkelhalbierenden des ersten Quadranten spiegelt.

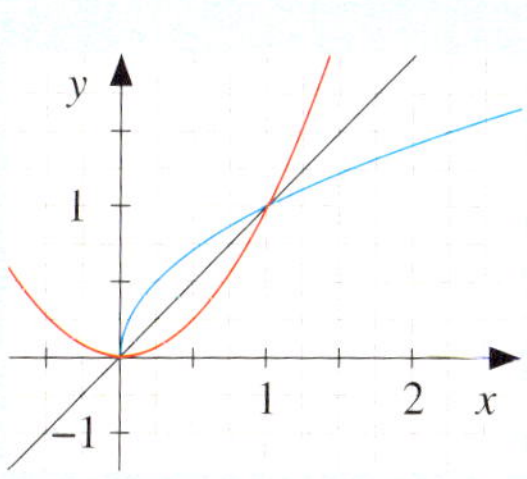

Potenzfunktionen können auch gebrochene Exponenten haben.

Beispiel

Die Wurzelfunktion

Funktionsgleichung: $y=x^{\frac{1}{2}}=\sqrt[2]{x}$
Da die Wurzel nur für nicht negative Zahlen definiert ist, ist der Definitionsbereich die Menge der nicht negativen reellen Zahlen.

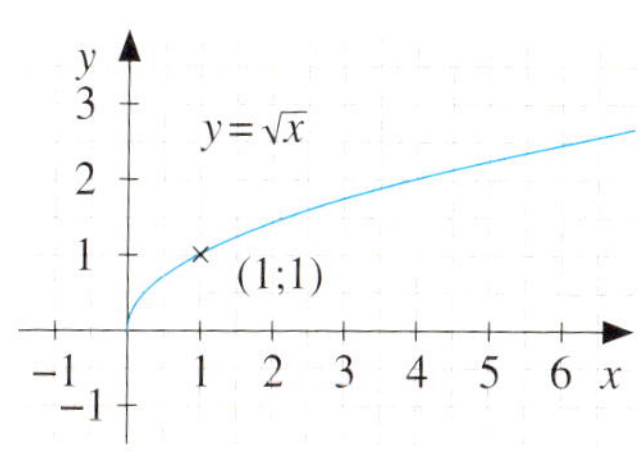

Ähnliche Figuren und zentrische Steckung

Erinnere dich: Zwei Figuren heißen kongruent, wenn sie durch Verschiebung, Spiegelung oder Drehung (oder durch mehrere dieser Bewegungen) auseinander hervorgehen.

HINWEIS
Kongruente Figuren sind immer ähnlich. Die Umkehrung gilt nicht.

Zwei Figuren heißen *ähnlich*, wenn sie durch maßstäbliches Vergrößern oder Verkleinern (oder durch eine maßgenaue Abbildung) auseinander hervorgehen.

Beispiel

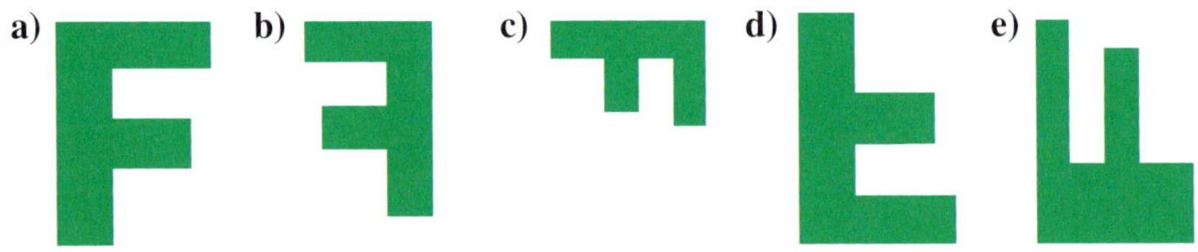

Die Figuren b), c) und d) sind ähnlich zur Figur a). e) und a) sind nicht ähnlich.

HINWEIS
***a)** und **d)** sind sogar kongruent.*

Ähnliche Figuren haben die gleiche Gestalt und unterscheiden sich nur in der Größe. Entsprechende Winkel und die Längenverhältnisse entsprechender Seiten sind gleich groß.

Beispiel

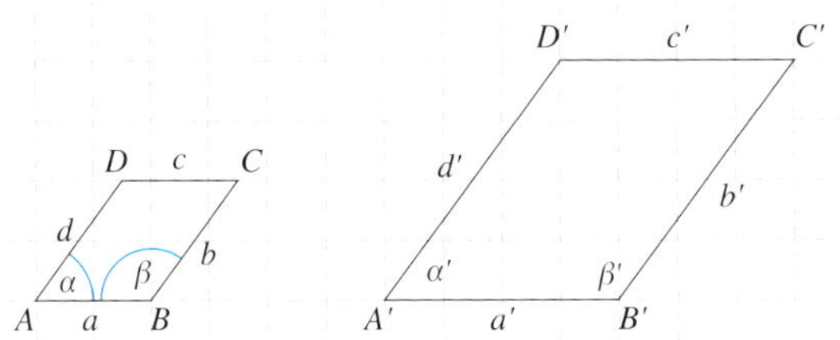

$\frac{a}{a'} = \frac{b}{b'} = \frac{1}{2}$
$\alpha = \alpha'; \beta = \beta'$

HINWEIS
$k > 1$: maßstäbliche Vergrößerung
$k = 1$: Original und Bild sind identisch
$0 < k < 1$: maßstäbliche Verkleinerung
$k < 0$: das Bild ergibt sich auch durch zentrische Streckung mit Faktor $|k|$ und einer anschließenden Punktspiegelung an Z

Durch **zentrische Streckung** lassen sich ähnliche Figuren erzeugen.
Eine zentrische Streckung ist beschrieben durch ein **Streckzentrum *Z*** und einen **Streckfaktor *k***. Für einen Punkt A der Ausgangsfigur und seinen Bildpunkt A' gilt:
- A' liegt auf der Geraden durch Z und A.
- $\overline{ZA'} = |k| \cdot \overline{ZA}$
- Ist $k > 0$, dann liegen A und A' auf einer Seite von Z.
  Ist $k < 0$, dann liegen A und A' auf verschiedenen Seiten von Z.

Beispiel

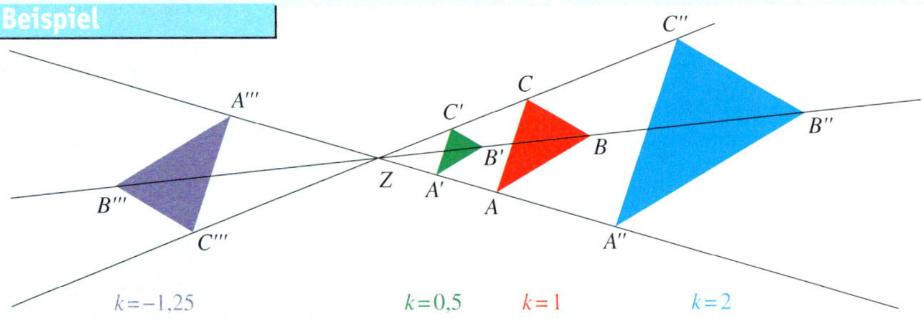

HINWEIS
*Aus dem Streckfaktor k lässt sich der **Maßstab** der Vergrößerung bzw. Verkleinerung angeben.*
Bei einer Streckung mit $k = 4$ bzw. $k = \frac{1}{3}$ ergibt sich der Maßstab 4:1 bzw. 1:3 (Bildlänge : Originallänge).

Durch zentrische Streckung entstandene Figuren sind ähnlich und die Originalstrecken und die entsprechenden Bildstrecken sind parallel zueinander.

HINWEIS
***Streckfaktor k** $= \pm\frac{\text{Bildlänge}}{\text{Originallänge}}$*

Die Eigenschaften ähnlicher Dreiecke können dafür genutzt werden, Streckenlängen in schwer zugänglichen Gebieten zu bestimmen.

HINWEIS
Die Figuren werden Strahlensatzfiguren genannt, da häufig von zwei Strahlen ausgegangen wird, die einen gemeinsamen Anfangspunkt haben.

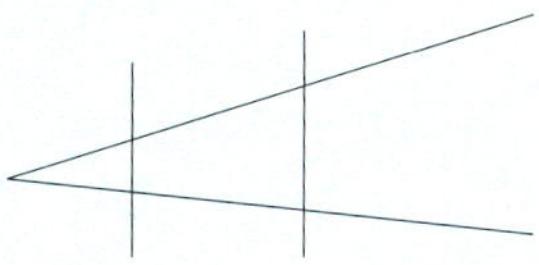

Werden zwei sich schneidende Geraden wie in den folgenden Beispielen von zwei Parallelen geschnitten, so entstehen zwei ähnliche Dreiecke (ΔZAB und $\Delta ZA'B'$). Figuren dieser Art nennt man **Strahlensatzfiguren**.

Beispiel

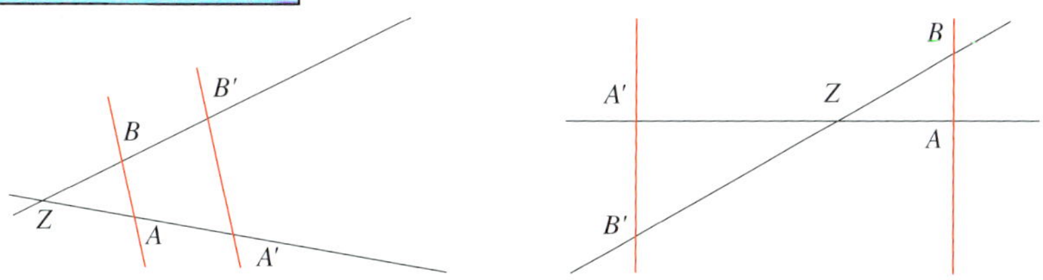

Sind in Strahlensatzfiguren die Längen von drei Strecken bekannt, so kann man mithilfe der Strahlensätze alle anderen Streckenlängen berechnen.

MERKHILFE
$\frac{kurz}{lang} = \frac{kurz}{lang}$ bzw.
$\frac{lang}{kurz} = \frac{lang}{kurz}$

Werden zwei sich im Punkt *Z* schneidende Geraden von zwei Parallelen geschnitten, …

… dann verhalten sich die Abschnitte auf der einen Geraden wie die entsprechenden Abschnitte auf der anderen Geraden (*1. Strahlensatz*).

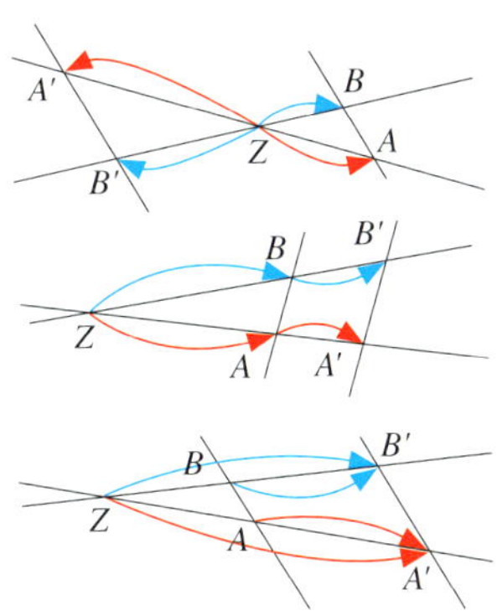

$\frac{ZA}{ZA'} = \frac{ZB}{ZB'}$

$\frac{ZA}{AA'} = \frac{ZB}{BB'}$

$\frac{ZA'}{AA'} = \frac{ZB'}{BB'}$

… dann verhalten sich die von *Z* ausgehenden Abschnitte auf der einen Geraden wie die entsprechenden Abschnitte auf den beiden Parallelen (*2. Strahlensatz*).

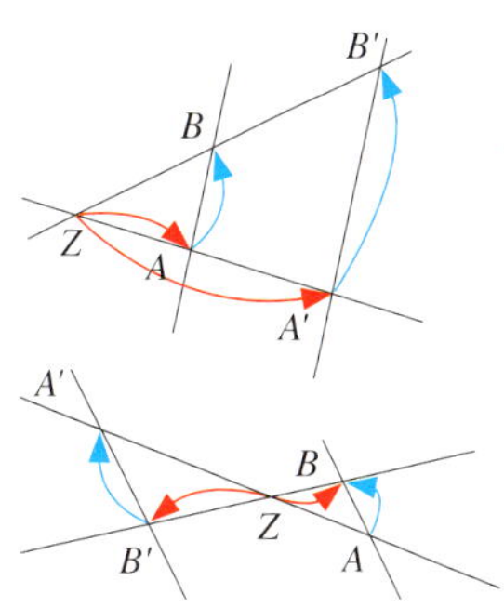

$\frac{ZA}{ZA'} = \frac{AB}{A'B'}$

$\frac{ZB}{ZB'} = \frac{AB}{A'B'}$

HINWEIS
Mithilfe der Umkehrung des ersten Strahlensatzes kann man überprüfen, ob zwei Geraden parallel sind. Eine vergleichbare Umkehrung des zweiten Strahlensatzes gilt nicht.

Beispiel

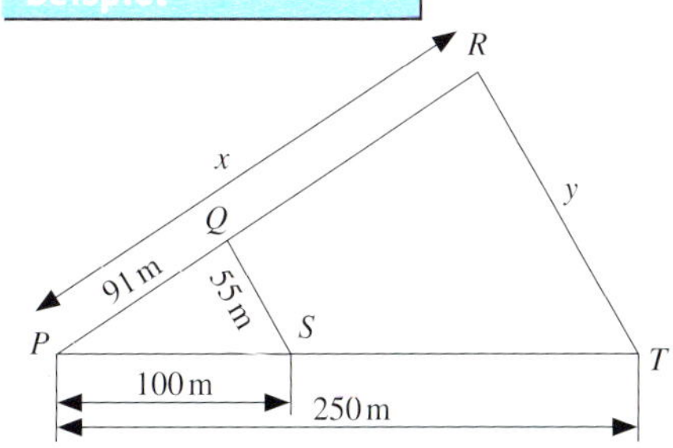

Berechnung der Länge der Strecke x mithilfe des ersten Strahlensatzes:
$\frac{91\,\text{m}}{x} = \frac{100\,\text{m}}{250\,\text{m}}$; $x = \frac{91\,\text{m} \cdot 250\,\text{m}}{100\,\text{m}}$; $x = 227{,}50\,\text{m}$

Berechnung der Länge der Strecke y mithilfe des zweiten Strahlensatzes:
$\frac{y}{55\,\text{m}} = \frac{250\,\text{m}}{100\,\text{m}}$; $y = \frac{250\,\text{m} \cdot 55\,\text{m}}{100\,\text{m}}$; $y = 137{,}50\,\text{m}$

HINWEIS
Da die Dreiecke ZAB und ZA'B' ähnlich sind, unterscheiden sich die entsprechenden Seiten um den Streckfaktor k.
Es gilt:
$\frac{ZA'}{ZA} = \frac{ZB'}{ZB} = \frac{A'B'}{AB} = k$

Verhältnisse in rechtwinkligen Dreiecken

ERINNERE DICH
Die Hypotenuse ist die längste Seite des Dreiecks.

Erinnere dich: In rechtwinkligen Dreiecken heißen die beiden Seiten, die den rechten Winkel einschließen, Katheten. Die dem rechten Winkel gegenüberliegende Seite heißt Hypotenuse.

In einem rechtwinkligen Dreieck nennt man die einem spitzen Winkel gegenüberliegende Kathete die **Gegenkathete zu diesem Winkel**. Die anliegende Kathete des Winkels heißt **Ankathete des Winkels**.

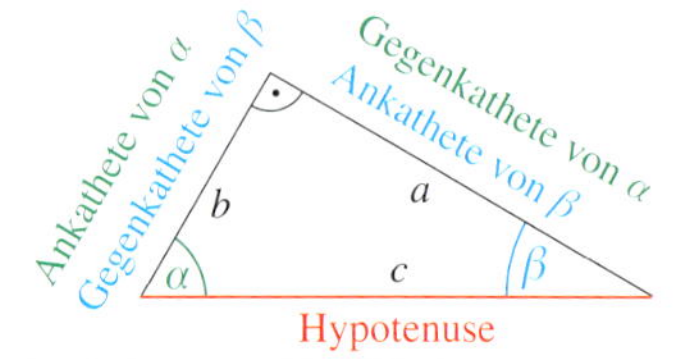

ERINNERE DICH
Die Beziehungen im rechtwinkligen Dreieck zwischen Winkeln und Seiten bezeichnet man als ***trigonometrische Beziehungen****. Trigonometrie kommt aus dem Griechischen und bedeutet Dreiecksmessung.*

Stimmen zwei rechtwinklige Dreiecke in einem weiteren Winkel überein, so sind die Dreiecke ähnlich.
Daher sind in einem rechtwinkligen Dreieck die Seitenverhältnisse eindeutig durch einen der beiden spitzen Winkel festgelegt.

Beispiel

Die zwei rechtwinkligen Dreiecke stimmen im Winkel β überein.

Durch Verschieben und Drehen lässt sich eine Strahlensatzfigur aus den beiden Dreiecken bilden.
Nach dem zweiten Strahlensatz gilt $\frac{b}{b'} = \frac{c}{c'}$, also $b = \frac{c}{c'} \cdot b'$, also $\frac{b}{c} = \frac{b'}{c'}$.
In beiden Dreiecken ist also das Verhältnis der Gegenkathete von β zur Hypotenuse gleich.

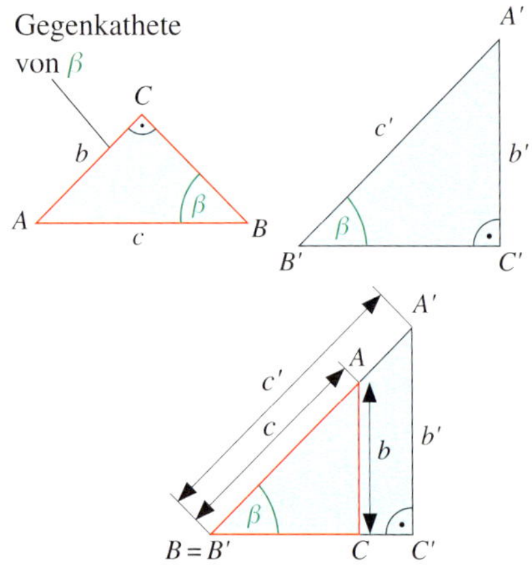

Einige Seitenverhältnisse in rechtwinkligen Dreiecken tragen Namen:

In einem rechtwinkligen Dreieck nennt man den Quotienten aus der Länge der Gegenkathete von α und der Länge der Hypotenuse *Sinus von α*.

***Schreibweise*: $\sin\alpha = \frac{\text{Gegenkathete von } \alpha}{\text{Hypotenuse}}$**

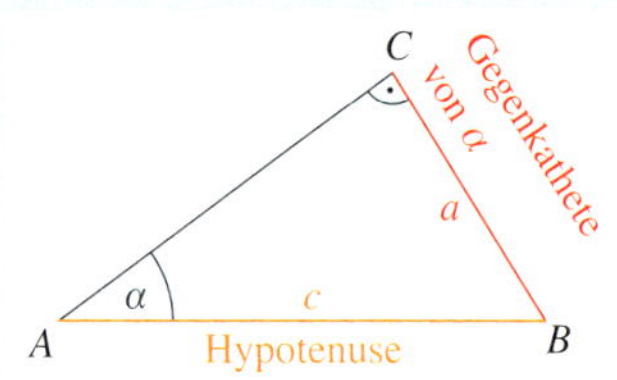

HINWEIS
Es gilt $\tan\alpha = \frac{\sin\alpha}{\cos\alpha}$.
Denn $\frac{\sin\alpha}{\cos\alpha} =$
$\frac{\text{Gegenkathete}}{\text{Hypotenuse}} : \frac{\text{Ankathete}}{\text{Hypotenuse}}$
$= \frac{\text{Gegenkathete}}{\cancel{\text{Hypotenuse}}} \cdot \frac{\cancel{\text{Hypotenuse}}}{\text{Ankathete}}$
$= \frac{\text{Gegenkathete}}{\text{Ankathete}} = \tan\alpha$

In einem rechtwinkligen Dreieck nennt man den Quotienten aus der Länge der Ankathete von α und der Länge der Hypotenuse *Kosinus von α*.

***Schreibweise*: $\cos\alpha = \frac{\text{Ankathete von } \alpha}{\text{Hypotenuse}}$**

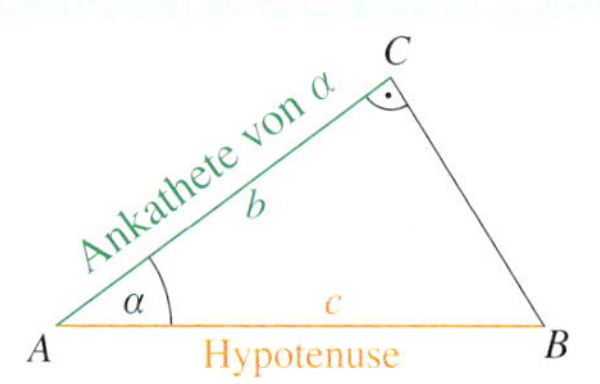

In einem rechtwinkligen Dreieck nennt man den Quotienten aus der Länge der Gegenkathete von α und der Länge der Ankathete von α *Tangens von α*.

***Schreibweise*: $\tan\alpha = \frac{\text{Gegenkathete von } \alpha}{\text{Ankathete von } \alpha}$**

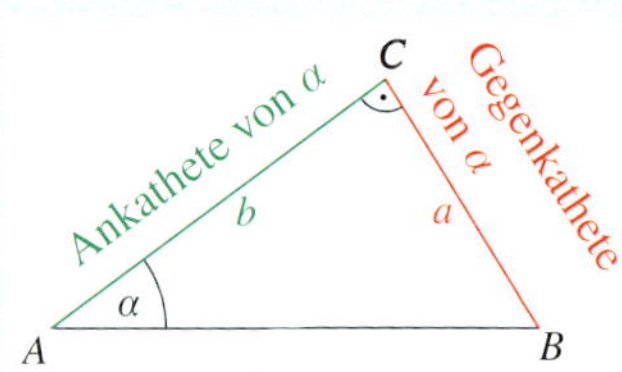

Berechnungen in rechtwinkligen Dreiecken

HINWEIS
Oft sind Sinus, Kosinus und Tangens eines Winkels irrationale Zahlen. Näherungswerte lassen sich mit einem Taschenrechner berechnen. Beispiel:

gesucht	Tastenfolge
$\sin 20°$	`2` `0` `sin`
$\cos 20°$	`2` `0` `cos`
$\tan 20°$	`2` `0` `tan`

Bei Winkelangaben in Grad muss der Taschenrechner auf das Gradmaß DEG (von englisch degree) eingestellt werden.

Der Zusammenhang zwischen der Größe der spitzen Winkel in einem rechtwinkligen Dreieck und den Seitenverhältnissen kann für verschiedene Berechnungen verwendet werden.

Sind in einem rechtwinkligen Dreieck eine Seite und einer der spitzen Winkel gegeben, so lassen sich mithilfe der Seitenverhältnisse die zwei anderen Seitenlängen berechnen.

Beispiel

Gegeben: $a=5\,\text{cm},\ \alpha=36°;\ \gamma=90°$
Gesucht: c

$\sin\alpha=\frac{a}{c}\quad |\cdot c$

$c\cdot\sin\alpha=a\quad |:\sin\alpha$

$c=\frac{a}{\sin\alpha}$

$c\approx\frac{5\,\text{cm}}{0{,}5878}\approx 8{,}5\,\text{cm}$

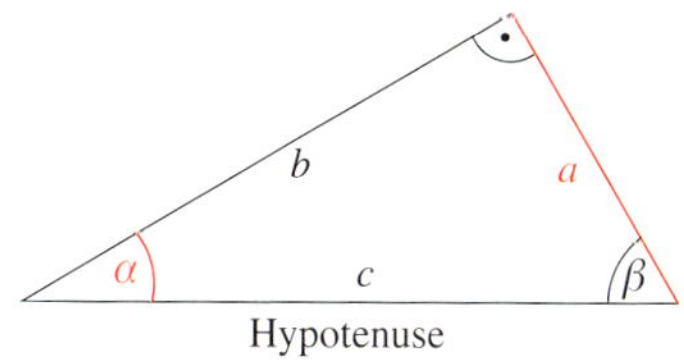

Gesucht: $\sin 36°$
Tastenfolge: `3` `6` `sin`
Anzeige: 0,587785252
Ergebnis: $\sin 36°\approx 0{,}5878$

Sind in einem rechtwinkligen Dreieck zwei Seiten gegeben, so lässt sich aus dem Seitenverhältnis ein spitzer Winkel berechnen (und mithilfe der Innenwinkelsumme auch der zweite spitze Winkel).

HINWEIS
$\sin^{-1}$, $\cos^{-1}$ und $\tan^{-1}$ werden häufig auch mit arc sin, arc cos und arc tan bezeichnet. arc steht für arcus (= Bogen).

Die Taschenrechnertasten `sin`, `cos` und `tan` haben eine zweite Belegung: $\sin^{-1}$, $\cos^{-1}$ und $\tan^{-1}$. Mithilfe der Taste `2nd` kann man auf die zweite Belegung zugreifen. $\sin^{-1}$ heißt, man erhält zu einem Seitenverhältnis (also einem Sinuswert) die zugehörige Winkelgröße. Entsprechendes gilt bei Kosinus und Tangens.

Beispiel

Gegeben: $c=9\,\text{cm},\ b=6{,}3\,\text{cm},\ \gamma=90°$
Gesucht: α und β

$\cos\alpha=\frac{b}{c}$

$\cos\alpha=\frac{6{,}3\,\text{cm}}{9\,\text{cm}}=0{,}7$

Die Nebenrechnung rechts ergibt:

$\alpha\approx 45{,}6°$

$\beta=90°-\alpha\approx 44{,}4°$

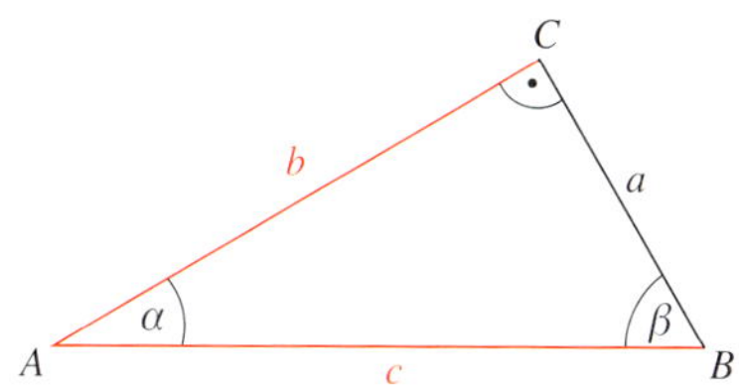

Gesucht: α mit $\cos\alpha=0{,}7$
Tastenfolge: `0` `.` `7` `2nd` `cos`
Anzeige: 45,57299599
Ergebnis: $\alpha\approx 45{,}6°$

HINWEIS
Die Tastenbeschriftung und auch die Reihenfolge der Eingabe können je nach Taschenrechnermodell abweichen. Lies in der Bedienungsanleitung nach.

Man hat den Sinus, Kosinus und Tangens auch für 0° und 90° festgelegt.
Die Tabelle zeigt einige wichtige Werte:

α	0°	30°	45°	60°	90°
$\sin\alpha$	0	$\frac{1}{2}$	$\frac{1}{2}\sqrt{2}$	$\frac{1}{2}\sqrt{3}$	1
$\cos\alpha$	1	$\frac{1}{2}\sqrt{3}$	$\frac{1}{2}\sqrt{2}$	$\frac{1}{2}$	0
$\tan\alpha$	0	$\frac{1}{3}\sqrt{3}$	1	$\sqrt{3}$	nicht definiert

HINWEIS
Da $\tan 90°=\frac{\sin 90°}{\cos 90°}$ gilt und $\cos 90°=0$ ist, ist $\tan 90°$ nicht definiert.

Der Sinussatz

Die bisherigen trigonometrischen Berechnungen bezogen sich alle auf rechtwinklige Dreiecke. Aber auch in beliebigen Dreiecken lassen sich Berechnungen mithilfe des Sinus durchführen.
In beliebigen Dreiecken können Winkel auftreten, die größer als 90° sind. Auch für diese Winkel werden Sinuswerte definiert.

■ **Für Winkel α zwischen 90° und 180° setzt man $\sin\alpha = \sin(180° - \alpha)$.**

Beispiel: $\sin 150° = \sin(180° - 150°) = \sin 30° = 0{,}5$
Durch die Erweiterung der Sinuswerte auf stumpfe Winkel hat die Gleichung $\sin\alpha = 0{,}5$ nun zwei Lösungen: $\alpha_1 = 30°$ (dieses Ergebnis liefert der Taschenrechner) und $\alpha_2 = 180° - 30° = 150°$.

HINWEIS
Durch Äquivalenzumformungen erhält man aus dem Sinussatz:
$\frac{a}{b} = \frac{\sin\alpha}{\sin\beta}$, $\frac{b}{c} = \frac{\sin\beta}{\sin\gamma}$
und $\frac{a}{c} = \frac{\sin\alpha}{\sin\gamma}$.

Sinussatz:
In jedem Dreieck sind jeweils für alle drei Seiten die Quotienten aus der Seitenlänge und dem Sinus des gegenüberliegenden Winkels gleich groß.
Als Formel: $\frac{a}{\sin\alpha} = \frac{b}{\sin\beta} = \frac{c}{\sin\gamma}$

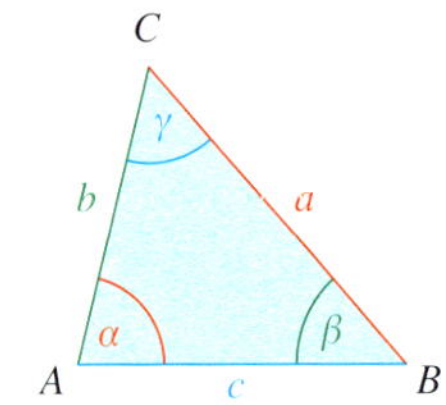

Herleitung des Sinussatzes:
Die Höhe h_c erzeugt im Dreieck *ABC* zwei rechtwinklige Dreiecke. Für diese Teildreiecke gilt: $\sin\alpha = \frac{h_c}{b}$ und $\sin\beta = \frac{h_c}{a}$.
Werden beide Gleichungen nach h_c umgestellt und gleichgesetzt, erhält man: $\sin\alpha \cdot b = \sin\beta \cdot a$.
Durch Umformen ergibt sich die Gleichung: $\frac{a}{\sin\alpha} = \frac{b}{\sin\beta}$.

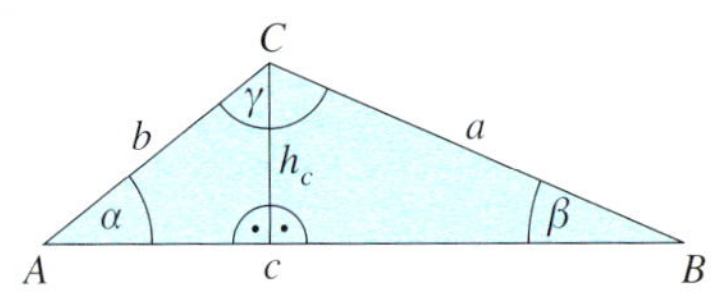

HINWEIS
Durch Einzeichnen der Höhe h_b erhält man die vollständige Formel.

ERINNERE DICH
Ein Dreieck ist durch zwei Seiten und den Winkel, der der längeren Seite gegenüber liegt, eindeutig bestimmt (Kongruenzsatz SsW).

Mit dem Sinussatz lassen sich fehlende Winkel bzw. Seiten berechnen.
Der Sinussatz ist anwendbar, wenn
- zwei Seiten und der der längeren Seite gegenüberliegende Winkel gegeben sind (Fall SsW) oder
- eine Seite und zwei (und damit alle) Winkel gegeben sind (Fall wsw).

Beispiel

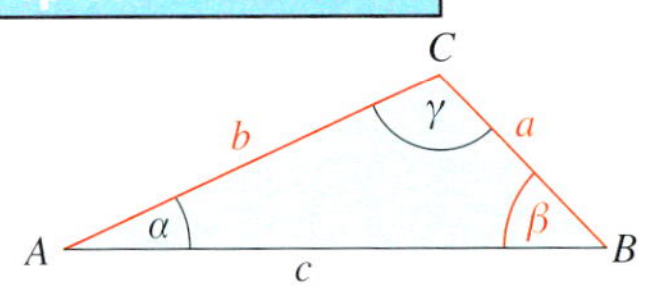

Gegeben: $a = 6\,\text{cm}$, $b = 8\,\text{cm}$, $\beta = 80°$
Gesucht: α

Lösung: $\frac{a}{\sin\alpha} = \frac{b}{\sin\beta}$
also $\sin\alpha = \frac{a}{b} \cdot \sin\beta$
also $\sin\alpha = \frac{\sin 80° \cdot 6}{8 = 0{,}7386} \approx 0{,}7386$
und damit $\alpha \approx 48°$

ERINNERE DICH
Ein Dreieck ist durch eine Seite und die beiden anliegenden Winkel eindeutig bestimmt (Kongruenzsatz wsw).

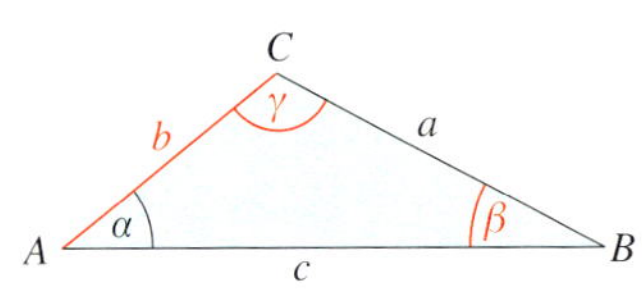

Gegeben: $b = 5\,\text{cm}$, $\beta = 40°$, $\gamma = 70°$
Gesucht: c

Lösung: $\frac{c}{\sin\gamma} = \frac{b}{\sin\beta}$
also $c = b \cdot \frac{\sin\gamma}{\sin\beta}$
also $c = 5\,\text{cm} \cdot \frac{\sin 70°}{\sin 40°} \approx 7{,}3\,\text{cm}$

Der Kosinussatz

Mit dem Sinussatz lassen sich fehlende Größen in beliebigen Dreiecken in den beiden Fällen SsW und wsw berechnen. Für die beiden anderen Kongruenzfälle – sws und sss – lassen sich Berechnungen mithilfe des Kosinussatzes durchführen. Auch Kosinuswerte werden für Winkel größer als 90° definiert:

HINWEIS
In einem rechtwinkligen Dreieck ergibt sich aus dem Kosinussatz der Satz des Pythagoras: Für $\gamma = 90°$ ist $\cos\gamma = 0$ und damit wird aus $c^2 = a^2 + b^2 - 2ab \cdot \cos\gamma$ gerade $c^2 = a^2 + b^2$.

■ **Für Winkel α zwischen 90° und 180° setzt man $\cos\alpha = -\cos(180° - \alpha)$.**

Kosinussatz:
In jedem Dreieck ist das Quadrat einer Seitenlänge gleich der Summe der Quadrate der beiden anderen Seitenlängen vermindert um das Doppelte des Produkts aus diesen beiden Seiten und dem Kosinus des eingeschlossenen Winkels.
Als Formeln: $a^2 = b^2 + c^2 - 2bc \cdot \cos\alpha$
$b^2 = a^2 + c^2 - 2ac \cdot \cos\beta$
$c^2 = a^2 + b^2 - 2ab \cdot \cos\gamma$

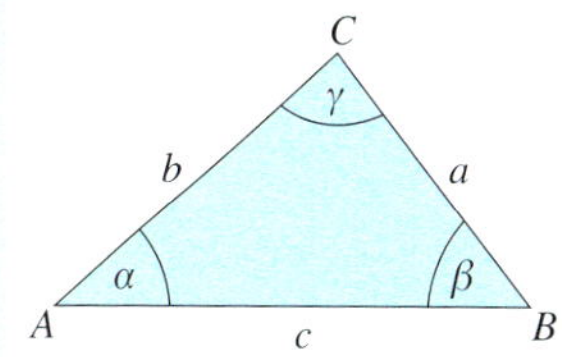

ERINNERE DICH
Ein Dreieck ist durch zwei Seiten und den von ihnen eingeschlossenen Winkel eindeutig bestimmt (Kongruenzsatz sws).

ERINNERE DICH
Ein Dreieck ist durch die Angabe der drei Seitenlängen eindeutig bestimmt (Kongruenzsatz sss). Für die drei Seitenlängen muss die Dreiecksungleichung gelten.

HINWEIS
Zur Berechnung von Winkeln mithilfe des Kosinussatzes kann man die Gleichungen umstellen:
$\cos\alpha = \frac{b^2 + c^2 - a^2}{2bc}$
$\cos\beta = \frac{a^2 + c^2 - b^2}{2ac}$
$\cos\gamma = \frac{a^2 + b^2 - c^2}{2ab}$

Mit dem Kosinussatz lassen sich fehlende Winkel bzw. Seiten berechnen.
Der Kosinussatz ist anwendbar, wenn
- zwei Seiten und der von ihnen eingeschlossene Winkel gegeben sind (Fall sws) oder
- alle drei Seiten gegeben sind (Fall sss).

Beispiel

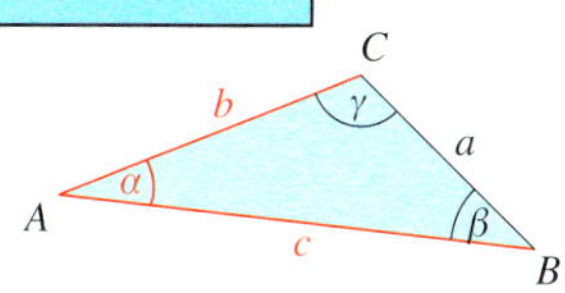

Gegeben: $b = 2\,\text{cm}$, $c = 3\,\text{cm}$, $\alpha = 72°$
Gesucht: a

Lösung: $a^2 = b^2 + c^2 - 2bc \cdot \cos\alpha$,
also $a^2 = 2^2 + 3^2 - 2 \cdot 3 \cdot \cos 72°$,
eingesetzt: $a \approx \sqrt{4 + 9 - 6 \cdot 0{,}3090}$
und damit $a \approx 3{,}3\,\text{cm}$

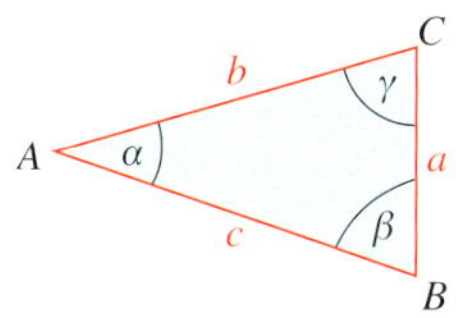

Gegeben: $a = 9\,\text{cm}$, $b = 3\,\text{cm}$, $c = 7\,\text{cm}$
Gesucht: α

Lösung: $a^2 = b^2 + c^2 - 2bc \cdot \cos\alpha$
Umformen ergibt $\cos\alpha = \frac{b^2 + c^2 - a^2}{2bc}$,
eingesetzt: $\cos\alpha = \frac{3^2 + 7^2 - 9^2}{2 \cdot 3 \cdot 7}$
also $\cos\alpha \approx -0{,}5475$
und damit $\alpha \approx 123°$

Herleitung des Kosinussatzes (für $\alpha < 90°$):
Der Satz des Pythagoras im Dreieck *ADC* liefert (**I**) $h_c{}^2 = b^2 - q^2$.
Der Satz des Pythagoras im Dreieck *BCD* liefert (**II**) $h_c{}^2 = a^2 - (c - q)^2$.
Gleichsetzen von I und II ergibt:
$b^2 - q^2 = a^2 - (c - q)^2$
$b^2 - q^2 = a^2 - c^2 + 2cq - q^2 \quad | + q^2$
$b^2 = a^2 - c^2 + 2cq$
$a^2 = b^2 + c^2 - 2cq$
q lässt sich ersetzen: $\cos\alpha = \frac{q}{b}$, also $q = b \cdot \cos\alpha$.
Einsetzen ergibt $a^2 = b^2 + c^2 - 2bc \cdot \cos\alpha$.

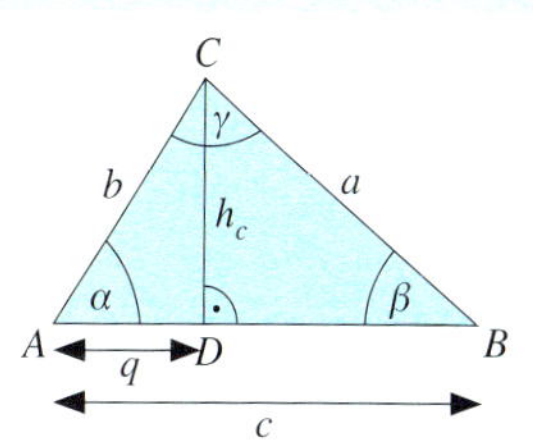

Die Sinusfunktion

HINWEIS
Ein Einheitskreis hat einen Radius von einer Längeneinheit (1 LE).

ERINNERE DICH
In einem rechtwinkligen Dreieck gilt
$\sin\alpha = \frac{\text{Gegenkathete von } \alpha}{\text{Hypotenuse}}$

Zu jedem Punkt P auf dem Einheitskreis gehört ein Winkel α zwischen der x-Achse und der Verbindungsstrecke vom Nullpunkt zum Punkt P.
Im eingezeichneten rechtwinkligen Dreieck gilt $\sin\alpha = \frac{y}{1} = y$. Somit ist die Länge von y gerade der Sinus von α.
Am Einheitskreis lassen sich Sinuswerte beliebiger Winkel darstellen. Man erhält so auch Sinuswerte für Winkel größer als 180°.
Der Sinus eines Winkels liegt zwischen −1 und 1.

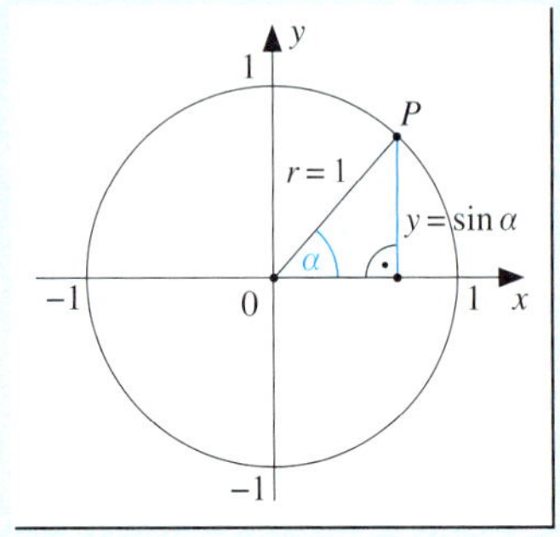

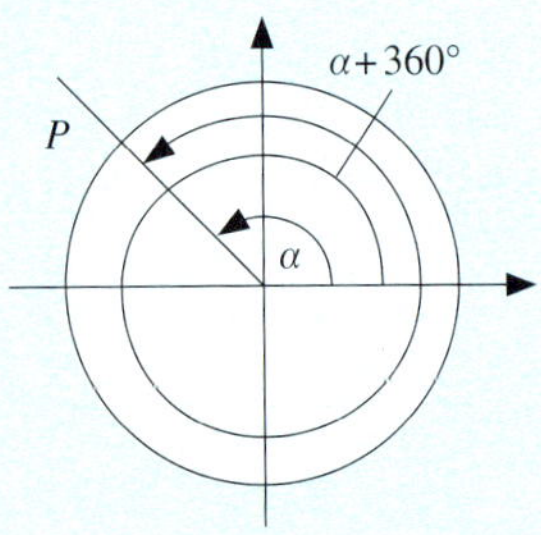

Die Funktion, die jedem Winkel α seinen Sinuswert $\sin\alpha$ zuordnet, heißt *Sinusfunktion*; Funktionsgleichung: $f(\alpha) = \sin\alpha$.
Der Graph der Sinusfunktion heißt *Sinuskurve*.

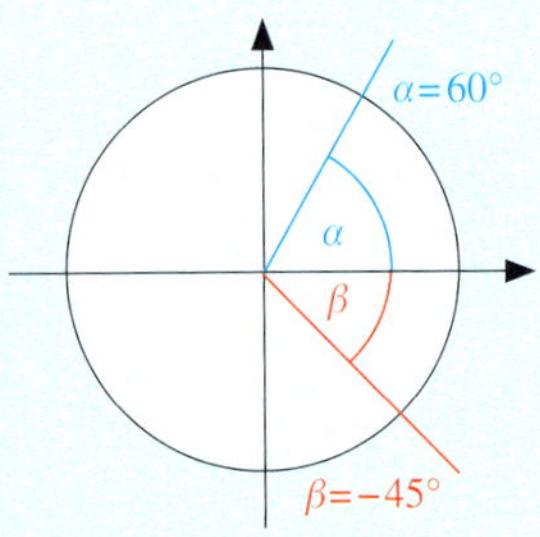

Eine Sinuskurve lässt sich mithilfe eines Einheitskreises zeichnen:

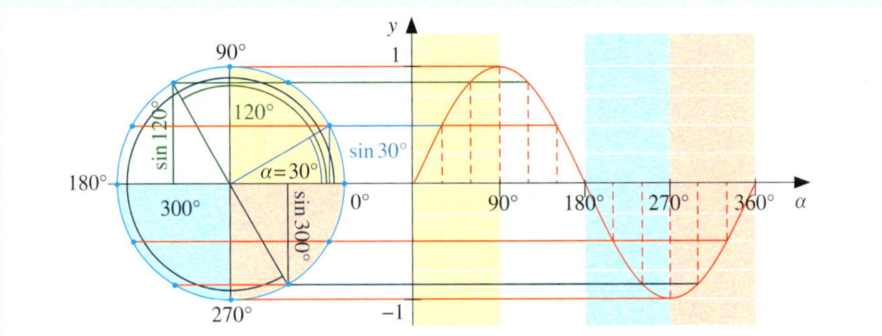

ERINNERE DICH
Kreisumfang: $u = 2\pi r$.
Im Einheitskreis: $u = 2\pi$

Die Sinuskurve kann beliebig verlängert werden: Für Winkel größer als 360° durchläuft man den Einheitskreis mehrmals gegen den Uhrzeigersinn. Für den Sinus eines negativen Winkels durchläuft man den Einheitskreis im Uhrzeigersinn. Nach jeder vollen Umrundung des Einheitskreises wiederholen sich die Sinuswerte. Man nennt die Sinusfunktion **periodisch mit der Periode 360°**.

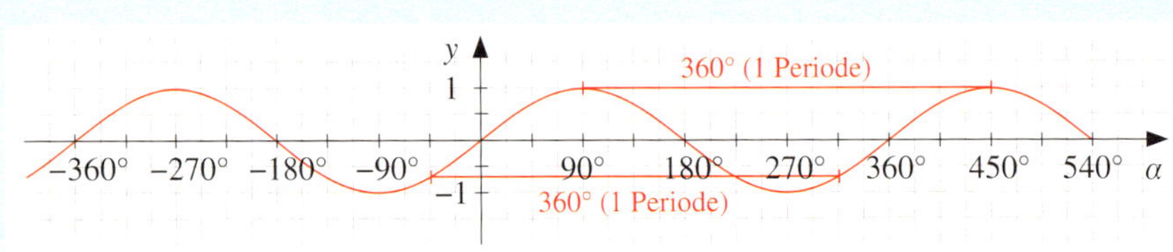

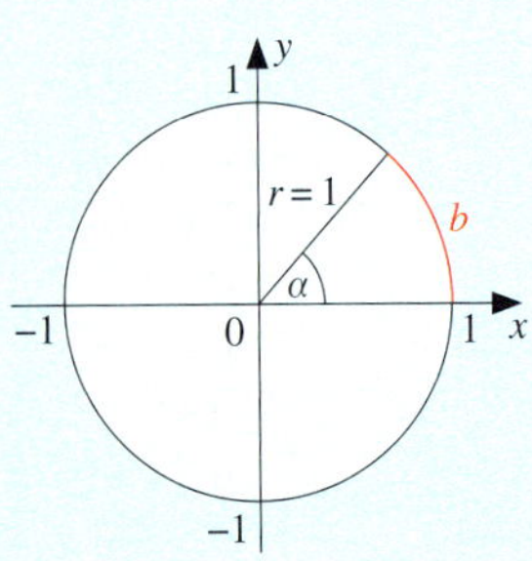

Die Winkelgröße kann statt im Gradmaß auch im Bogenmaß angegeben werden.

Das *Bogenmaß eines Winkels* α ist die Länge b des zugehörigen Kreisabschnitts auf dem Einheitskreis.
Zwischen Bogenmaß b und der Winkelgröße α in Grad besteht der Zusammenhang: $\frac{\alpha}{360°} = \frac{b}{2\pi}$. Der Winkel α verhält sich zum Vollwinkel genauso wie das Bogenmaß b zum Kreisumfang.

HINWEIS
Beim Rechnen mit dem Bogenmaß muss der Taschenrechner auf RAD gestellt werden.

α	0°	45°	90°	180°	270°	360°
b	0	$\frac{\pi}{4}$	$\frac{\pi}{2}$	π	$\frac{3}{2}\pi$	2π

Die Kosinusfunktion

ERINNERE DICH
In einem rechtwinkligen Dreieck gilt:

$\cos\alpha = \frac{\text{Ankathete von } \alpha}{\text{Hypotenuse}}$

Auch die Kosinuswerte beliebiger Winkel lassen sich auf dem Einheitskreis darstellen. Im rechtwinkligen Dreieck rechts gilt $\cos\alpha = \frac{x}{1} = x$.
Wandert der Kreispunkt P auf dem Kreisbogen, so erhält man für jeden Winkel α einen Kosinuswert. Der Kosinuswert liegt zwischen −1 und 1.

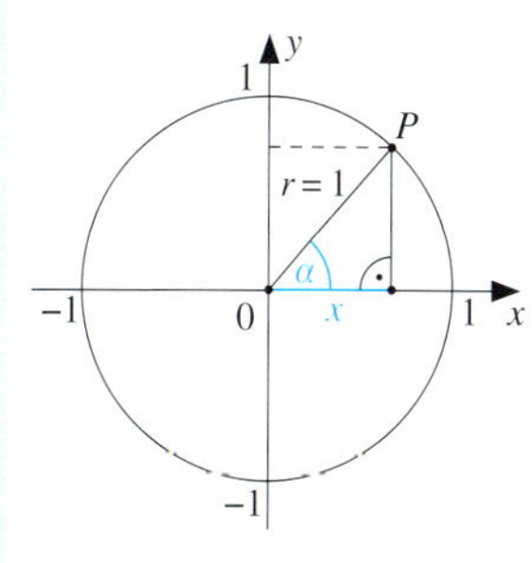

Die Funktion, die jedem Winkel α seinen Kosinuswert zuordnet, heißt *Kosinusfunktion*. Funktionsgleichung: $f(\alpha) = \cos\alpha$.
Der Graph heißt *Kosinuskurve*.

HINWEIS
Die Kosinusfunktion ist ebenfalls periodisch mit der Periode 360°.

Auch die Kosinusfunktion ist wie die Sinusfunktion für beliebig große Winkel und auch für negative Winkel definiert. Der Graph der Kosinusfunktion entsteht durch das Verschieben des Graphen der Sinusfunktion um 90° (bzw. $\frac{\pi}{2}$) nach links.
Damit gilt: $\cos\alpha = \sin(\alpha + 90°)$ und $\sin\alpha = \cos(\alpha - 90°)$;
Im Bogenmaß: $\cos x = \sin(x + \frac{\pi}{2})$ und $\sin x = \cos(x - \frac{\pi}{2})$.

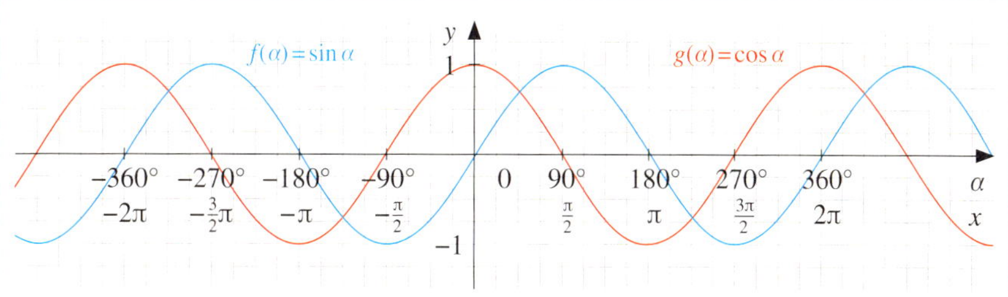

Sinuskurven können beliebig verschoben und gestreckt oder gestaucht werden.
Der Graph der Funktion mit der Funktionsgleichung $f(\alpha) = \sin(\alpha + c)$ ist eine um c Einheiten verschobene Sinuskurve. Für $c > 0$ wird die Sinuskurve nach links verschoben, für $c < 0$ wird sie nach rechts verschoben.

HINWEIS
Bei der Sinusfunktion und bei der Kosinusfunktion wird der Winkel α oft im Bogenmaß angegeben. Meist wird der Winkel dann mit x bezeichnet.

Beispiel

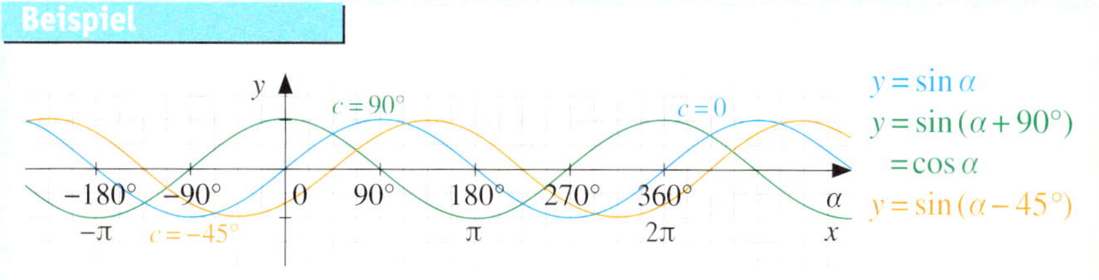

Der Graph der Funktion mit der Gleichung $f(\alpha) = a \cdot \sin\alpha$ ist eine gestreckte ($|a| > 1$) bzw. eine gestauchte ($0 < |a| < 1$) Sinuskurve. Für $a < 0$ wird die Sinuskurve zusätzlich gespiegelt.

Beispiel

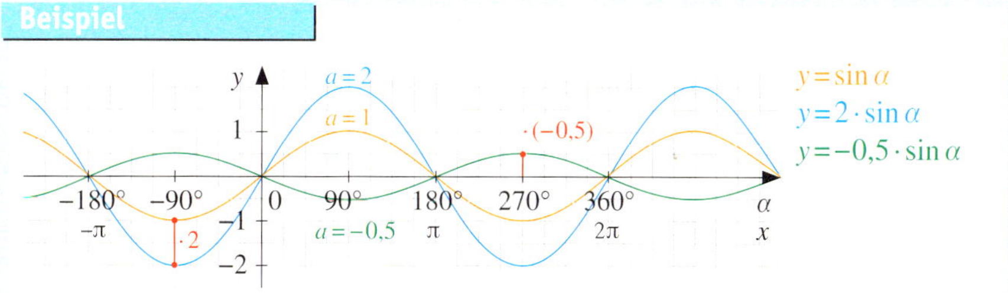

Berechnungen von Kugeln

ERINNERE DICH

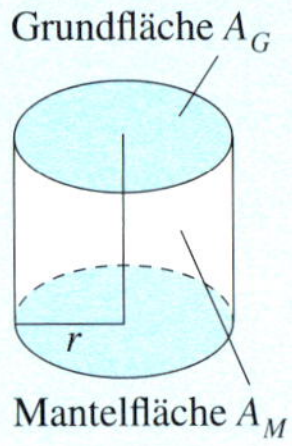

Netz eines Zylinders

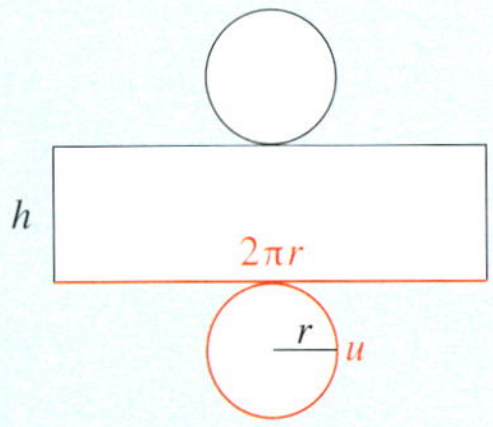

$A_O = 2 \cdot A_G + A_M$ mit $A_G = \pi r^2$ und $A_M = 2\pi rh$

$V = A_G \cdot h$

Erinnere dich: Ein Zylinder wird von ebenen und einer gekrümmten Fläche begrenzt. Der Oberflächeninhalt lässt sich berechnen durch $A_0 = 2\pi r^2 + 2\pi rh = 2\pi r(r+h)$, das Volumen durch $V = \pi \cdot r^2 \cdot h$.

Die Menge aller Punkte des Raumes, die von einem Punkt M den gleichen Abstand r haben, heißt **Kugel**. Der Abstand r heißt **Radius** der Kugel.
Eine Kugel wird nur von einer gekrümmten Fläche begrenzt.

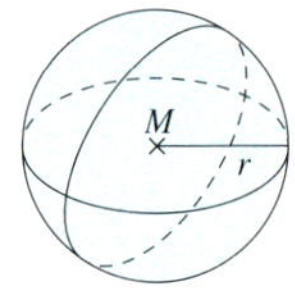

Taucht man eine Kugel in einen wassergefüllten Zylinder, in den die Kugel genau hineinpasst, so verdrängt sie $\frac{2}{3}$ des Wassers.
Es gilt also $V_{\text{Kugel}} = \frac{2}{3} \cdot V_{\text{Zylinder}} = \frac{2}{3} \cdot \pi \cdot r^2 \cdot h$.
Da die Höhe des Zylinders gleich dem doppelten Kugelradius ist, also $h = 2r$, gilt $V_{\text{Kugel}} = \frac{2}{3}\pi \cdot r^2 \cdot 2r = \frac{4}{3} \cdot \pi \cdot r^3$.

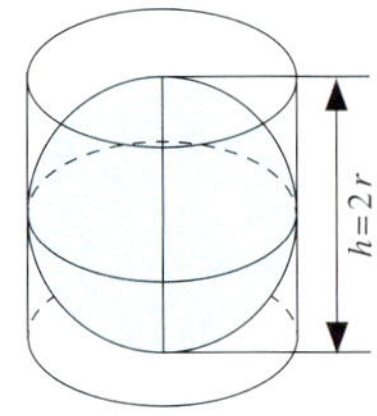

Das Volumen einer Kugel mit dem Radius r und dem Durchmesser d lässt sich mit folgenden Formeln berechnen: $V = \frac{4}{3}\pi r^3$ oder $V = \frac{1}{6}\pi d^3$.

Die Kugeloberfläche ist eine gekrümmte Fläche, die sich nicht exakt in die Ebene abwickeln lässt.

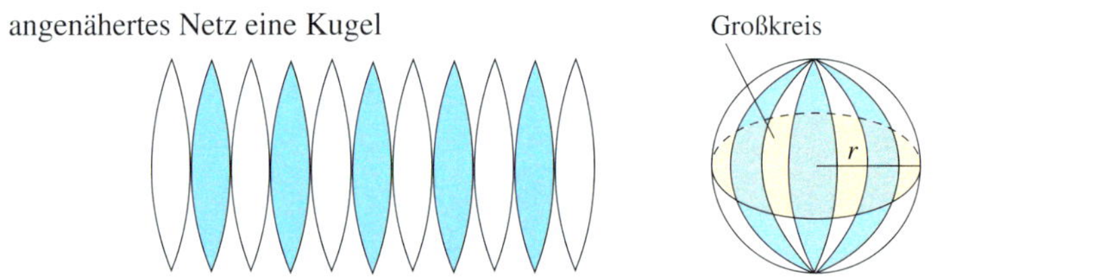

HINWEIS

Eine Kugel ist ein Körper, der durch Rotieren eines Halbkreises um seinen Durchmesser entsteht. Man sagt auch, die Kugel ist ein ***Rotationskörper****.*

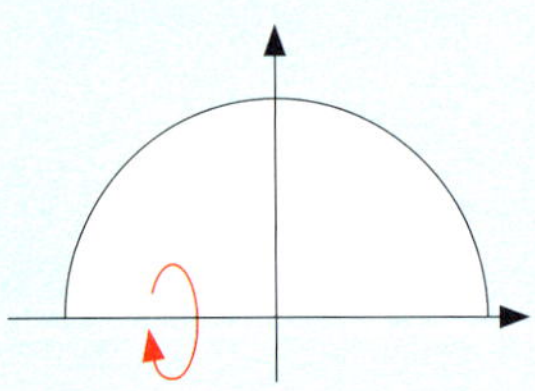

Der Flächeninhalt der Kugeloberfläche ist genau viermal so groß wie der Flächeninhalt eines Großkreises.

Der Oberflächeninhalt einer Kugel mit dem Radius r und dem Durchmesser d lässt sich mit folgenden Formeln berechnen: $A_O = 4\pi r^2$ oder $A_O = \pi d^2$.

Beispiel

Das Volumen und der Oberflächeninhalt einer Kugel mit dem Radius $r = 7\,\text{cm}$ soll berechnet werden.

Lösung:

$V = \frac{4}{3} \cdot \pi \cdot r^3$	$A_O = 4 \cdot \pi \cdot r^2$
$V = \frac{4}{3} \cdot \pi \cdot (7\,\text{cm})^3$	$A_O = 4 \cdot \pi \cdot (7\,\text{cm})^2$
$V = 1436{,}8\,\text{cm}^3$	$A_O = 615{,}8\,\text{cm}^2$

ERINNERE DICH

Die dritte Wurzel lässt sich mit einem Taschenrechner berechnen.
Beispiel: $\sqrt[3]{5}$ *lässt sich mit den Tastenfolgen*
5 **2nd** **y^x** **3** **=**
oder
5 **SHIFT** **x^3** **=**
berechnen.

Sind Volumen oder Oberflächeninhalt einer Kugel gegeben, so lässt sich daraus der Radius bzw. der Durchmesser berechnen.

$V = \frac{4}{3} \cdot \pi \cdot r^3$, also $r^3 = \frac{3V}{4\pi}$, also $r = \sqrt[3]{\frac{3V}{4\pi}}$

$A_O = 4\pi r^2$, also $r^2 = \frac{A_O}{4\pi}$, also $r = \sqrt{\frac{A_O}{4\pi}}$

HINWEIS
A_G ist der Grundflächeninhalt.
A_M ist der Mantelflächeninhalt.

Erinnere dich: Die Grundformen von Körpern sind Würfel, Quader, Prisma, Zylinder, Kegel, Pyramide und Kugel.

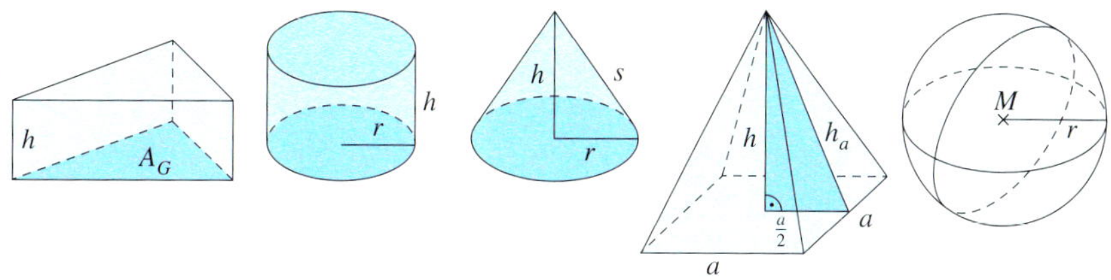

Prisma Zylinder Kegel Pyramide Kugel

ERINNERE DICH
Prismen und Pyramiden haben Vielecke als Grundfläche. Der Flächeninhalt der Grund- und Mantelflächen hängt von der Anzahl der Ecken der Grundfläche ab.

Körper	Oberflächeninhalt A_0	Volumen V
Prisma	$2 \cdot A_G + A_M$	$A_G \cdot h$
Zylinder	$2 \cdot A_G + A_M = 2\pi r^2 + 2\pi r h = 2\pi r(r+h)$	$A_G \cdot h = \pi \cdot r^2 \cdot h$
Kegel	$A_G + A_M = \pi r^2 + \pi r s = \pi r(r+s)$	$\frac{1}{3} A_G \cdot h = \frac{1}{3} \cdot \pi \cdot r^2 \cdot h$
Pyramide	$A_G + A_M$	$\frac{1}{3} A_G \cdot h$
Kugel	$4 \cdot \pi \cdot r^2$	$\frac{4}{3} \cdot \pi \cdot r^3$

In Anwendungen z. B. bei Berechnungen von Gebäudeteilen oder Werkstücken kommen Formen vor, die sich aus verschiedenen Grundformen oder Teilen der Grundformen zusammensetzen.

HINWEIS
Es gibt auch Körper, die durch Entfernen einer Grundform aus einem Körper entstehen.
Beispiel:

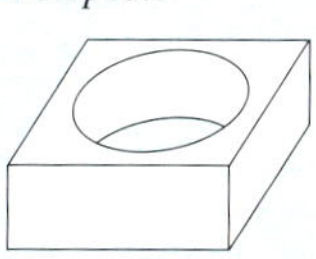

$V = V_{Quader} - V_{Zylinder}$
$A_0 = A_{0_{Quader}} - 2 \cdot A_{G_{Zylinder}}$ *+ Fläche des inneren Kreisstreifens*

Das Volumen zusammengesetzter Körper ist die Summe der Volumina der einzelnen Teilkörper.
Für die Bestimmung des Oberflächeninhalts eines zusammengesetzten Körpers muss man beachten, welche Flächen durch die Teilkörper verdeckt sind.

Beispiel

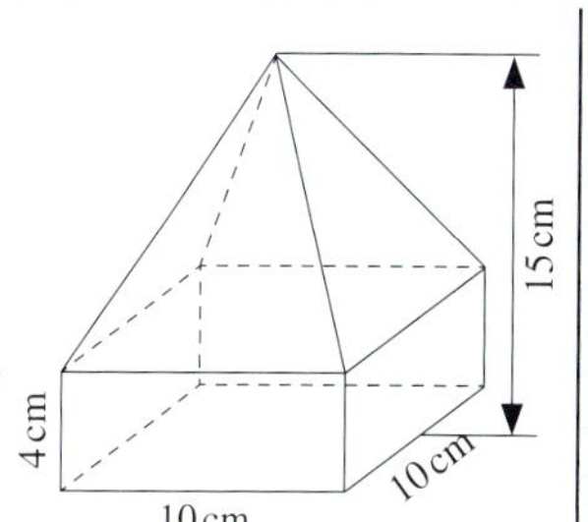

Gesucht: Das Volumen des Körpers.
Der Körper besteht aus einem Quader und einer Pyramide mit gleicher Grundfläche.

$V_{Quader} = 10\,cm \cdot 10\,cm \cdot 4\,cm = 400\,cm^3$

$V_{Pyramide} = \frac{1}{3} \cdot 10\,cm \cdot 10\,cm \cdot (15\,cm - 4\,cm) \approx 366{,}7\,cm^3$

$V \approx 400\,cm^3 + 366{,}7\,cm^3 = 766{,}7\,cm^3$

Das Volumen beträgt etwa $766{,}7\,cm^3$.

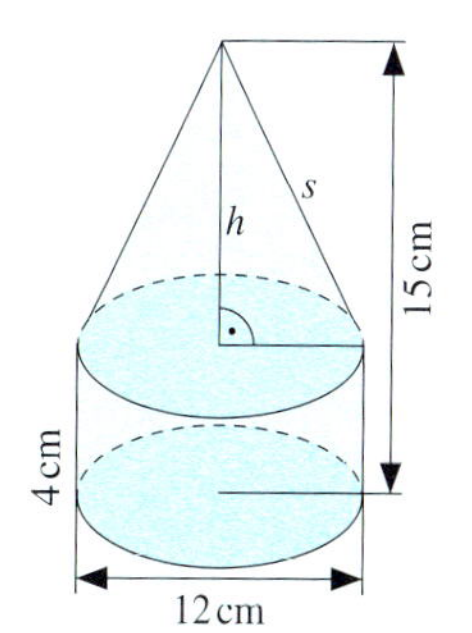

Gesucht: Der Oberflächeninhalt des Körpers.
Der Körper besteht aus einem Zylinder und einem Kegel mit gleicher Grundfläche.
Jeweils eine Grundfläche ist verdeckt.

$A_0 = A_{M_{Kegel}} + A_{M_{Zylinder}} + A_G$
$= \pi \cdot 6\,cm \cdot 12{,}5\,cm + 2 \cdot \pi \cdot 6\,cm \cdot 4\,cm + 2 \cdot \pi \cdot (6\,cm)^2$
$\approx 612{,}3\,cm^2$

Der Oberflächeninhalt beträgt etwa $612{,}3\,cm^2$.

HINWEIS
Die Länge von s im Beispiel lässt sich mit dem Satz des Pythagoras berechnen:
$s = \sqrt{h^2 + r^2} = \sqrt{(11\,cm)^2 + (6\,cm)^2} \approx 12{,}5\,cm$

Exponentielles Wachstum

Viele Größen in Natur, Technik oder Wirtschaft wachsen oder fallen in Abhängigkeit von einer zweiten Größen, z. B. der Zeit. Beispielsweise wachsen Kinder im Laufe der Zeit und die Bevölkerungszahl Deutschlands sinkt von Jahr zu Jahr. Abnahme wird oft auch als **negatives Wachstum** bezeichnet. Man spricht daher allgemein von Wachstum.

ERINNERE DICH
Lineare Zusammenhänge lassen sich mit linearen Funktionen beschreiben. Lineare Funktionen haben Funktionsgleichungen der Form $y = mx + b$ mit der Steigung m und dem y-Achsenabschnitt b.

Verändert sich eine Größe in gleich großen Abständen immer um einen festen Betrag, so spricht man von **linearem Wachstum**.
Beispiel: Der Preis für eine Eistüte wächst linear mit der Anzahl der Eiskugeln.
Häufig wächst eine Größe auch immer um einen festen Prozentsatz. Beispielsweise wächst fest verzinstes Geld jährlich um 3 %. Nach einem Jahr wird so aus 1000 € der Wert 1030 €. *Rechnerisch*: 1000 € · 1,03 = 1030 €
Den Prozentsatz nennt man auch **Wachstumsrate (p %)**.
Der Faktor, mit dem der alte Wert multipliziert werden muss, um zum neuen Wert zu gelangen, heißt **Wachstumsfaktor b**. Es gilt $b = 1 + \frac{p}{100}$.
Wachstum um einen festen Prozentsatz lässt sich auch durch die Multiplikation mit dem Wachstumsfaktor beschreiben.

HINWEIS
Bei Abnahmen sind die Wachstumsraten negativ. Die Wachstumsfaktoren liegen zwischen 0 und 1.

Verändert sich eine Größe in gleich großen Abständen immer um einen konstanten Faktor, so spricht man von *exponentiellem Wachstum*.

HINWEIS
Für exponentielles Wachstum wird auch der Begriff ***prozentuales Wachstum*** *verwendet.*

Beispiel

Exponentielle Zunahme
Escherichia-coli-Bakterien verachtfachen sich stündlich.
Zu Beginn ist ein Bakterium in einer Lösung vorhanden.

	+1	+1	+1	+1	+1	+1	
Zeit (in h)	0	1	2	3	4	5	6
Anzahl Bakterien	1	8	64	512	4096	32 768	262 144
	·8	·8	·8	·8	·8	·8	

Der Wachstumsfaktor beträgt 8. Die Anzahl der Bakterien nach t Stunden kann man mithilfe der Gleichung $y = 8^t$ berechnen.

Exponentielle Abnahme
Die Halbwertszeit von Strontium beträgt 22 Minuten, d. h. die Menge des radioaktiven Strontium halbiert sich nach 22 Minuten.

	+22	+22	+22	
Zeit (in min)	0	22	44	66
Menge (in mg)	400	200	100	50
	$\cdot\frac{1}{2}$	$\cdot\frac{1}{2}$	$\cdot\frac{1}{2}$	

HINWEIS
Die Gleichung $y = 400 \cdot \left(\frac{1}{2}\right)^{\frac{1}{22} \cdot t}$ lässt sich in der Form $y = 400 \cdot \left(\left(\frac{1}{2}\right)^{\frac{1}{22}}\right)^t$ (mit der Basis $b = \left(\frac{1}{2}\right)^{\frac{1}{22}}$) schreiben.

Der Wachstumsfaktor beträgt $\frac{1}{2}$. Die Abnahme der Strontiummenge nach t Minuten kann mithilfe der Gleichung $y = 400 \cdot \left(\frac{1}{2}\right)^{\frac{1}{22} \cdot t}$ berechnet werden.

HINWEIS
Ist $b > 1$, handelt es sich um (positives) exponentielles Wachstum; gilt $0 < b < 1$, liegt exponentielle Abnahme vor.

Exponentielles Wachstum lässt sich durch Funktionen mit Funktionsgleichungen der Form $y = a \cdot b^x$ beschreiben.
Man nennt a den *Anfangswert* und b den *Wachstumsfaktor*.

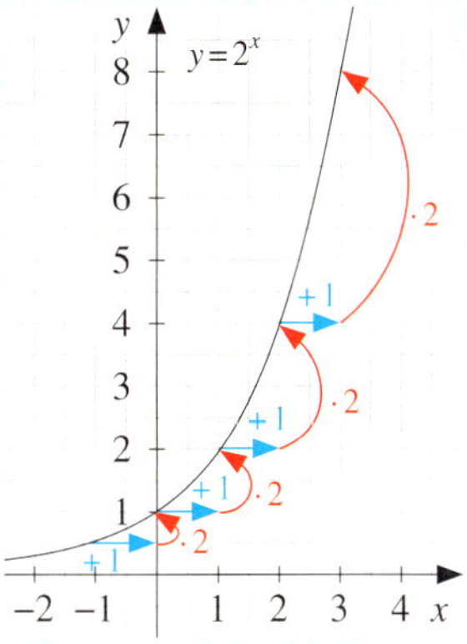

Erinnere dich: Verdoppelt sich eine Größe in gleich großen Abständen, so lässt sich dieses exponentielle Wachstum mit der Funktionsgleichung $y=2^x$ beschreiben.

Funktionen mit der Funktionsgleichung $y=b^x$ mit $b>0$ und $b\neq 1$ nennt man *Exponentialfunktionen* (*zur Basis b*).

Eigenschaften von Exponentialfunktionen

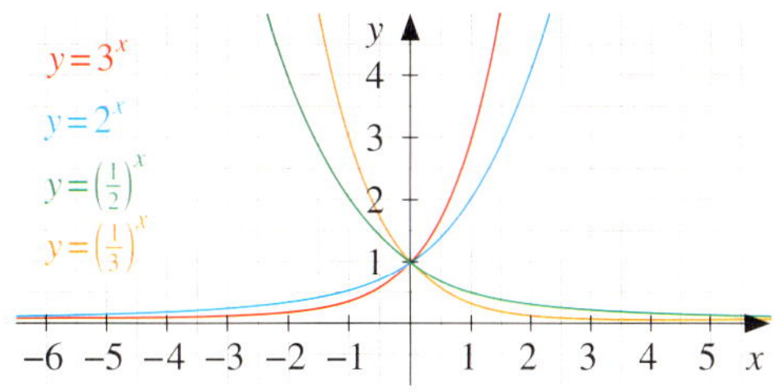

$b>1$: exponentielle Zunahme	$0<b<1$: exponentielle Abnahme
Der Graph steigt.	Der Graph fällt.
Alle Funktionswerte sind positiv.	
Der Graph schmiegt sich an den negativen Teil der x-Achse an.	Der Graph schmiegt sich an den positiven Teil der x-Achse an.
Der Schnittpunkt mit der y-Achse ist (0;1).	
Je größer b ist, desto größer ist die Zunahme.	Je kleiner b ist, desto stärker ist die Abnahme.

HINWEIS
Der Definitionsbereich einer Exponentialfunktion ist die Menge aller reellen Zahlen ℝ. *Die Wertemenge ist die Menge aller positiven reellen Zahlen.*

HINWEIS
Man sagt, die x-Achse ist ***Asymptote*** *der Exponentialfunktion.*
Der Graph nähert sich beliebig nah der x-Achse, ohne sie jemals zu berühren.

In vielen Situationen, in denen exponentielles Wachstum vorliegt, hat man in der Anfangssituation bereits eine gewisse Anzahl der Größe.
Beispiel: Die Anzahl der Salmonellen in einer Mayonnaise beträgt 1000. Sie vervierfacht sich stündlich. Dieses Wachstum lässt sich mithilfe der Funktionsgleichung $y=1000\cdot 4^x$ beschreiben.

HINWEIS
Der Schnittpunkt mit der y-Achse liegt bei einer Streckung bzw. Stauchung um a bei (0;a). Der Graph nähert sich weiterhin der x-Achse an.
Der Schnittpunkt mit der y-Achse liegt bei einer Verschiebung bei (0;1 + c). Der Graph nähert sich der Geraden y = c an.

Den Graphen der Funktion mit der Gleichung $y=a\cdot b^x$ erhält man aus dem Graphen von $y=b^x$ durch Strecken ($|a|>1$) bzw. Stauchen ($0<|a|<1$).
Für $a<0$ wird der Graph zusätzlich an der y-Achse gespiegelt.

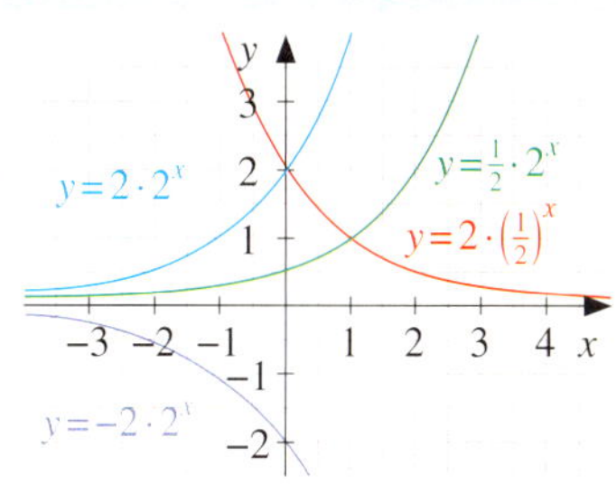

Den Graphen der Funktion mit der Gleichung $y=b^x+c$ erhält man aus dem Graphen von $y=b^x$ durch Verschieben um c entlang der y-Achse.
Für $c>0$ wird der Graph nach oben und für $c<0$ nach unten verschoben.

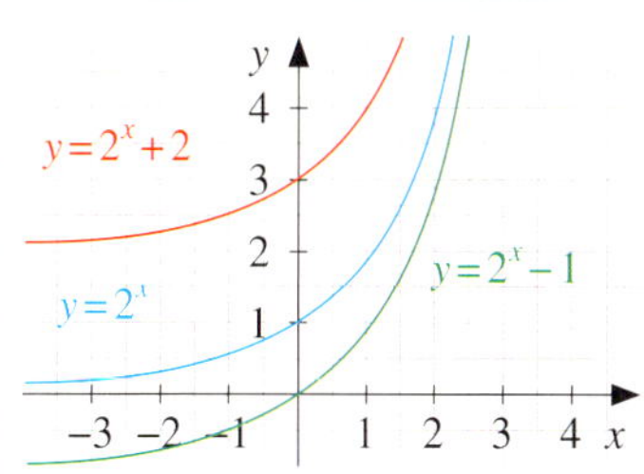

Logarithmen

HINWEIS
Wenn y als Potenz von b darstellbar ist, lässt sich die Gleichung $b^x = y$ häufig leicht lösen:
$10^x = 1000$
$10^x = 10^3$
also $x = 3$

Bei exponentiellem Wachstum möchte man häufig die Zeitdauer bestimmen.
Beispiel: Eine Bakterienart verdoppelt sich jede Stunde. Nach wie vielen Stunden sind aus einem Bakterium acht Bakterien geworden?
Mathematisch übersetzt lautet die Frage: Für welches x gilt $2^x = 8$?

Die Lösung einer Gleichung der Form $b^x = y$ (mit b, $y > 0$ und $y \neq 1$) heißt *Logarithmus von y zur Basis b*. Schreibweise: $x = \log_b y$.
$\log_b y$ ist die Zahl, mit der man b potenzieren muss, um y zu erhalten.

Beispiel

$\log_2 8 = 3$, denn $2^3 = 8$ $\qquad$ $\log_3 9 = 2$, denn $3^2 = 9$

HINWEIS
Es gilt: $b^{\log_b y} = y$

Logarithmieren ist (wie das Wurzelziehen) eine Umkehrung des Potenzierens. Die Gleichung $b^x = y$ ist (für b, $y > 0$; $y \neq 1$) äquivalent zur Gleichung $\log_b y = x$.

Exponent
$2^3 = 8$ ist äquivalent zu $\log_2 8 = 3$
Basis

HINWEIS
$y = b^x$
also: $10^{\log_{10} y} = (10^{\log_{10} b})^x$
also: $10^{\log_{10} y} = 10^{x \cdot \log_{10} b}$
also: $\log_{10} y = x \cdot \log_{10} b$
also: $x = \frac{\log_{10} y}{\log_{10} b} = \log_b y$

Logarithmen lassen sich mit einem Taschenrechner berechnen.
Allerdings gibt es auf den meisten Taschenrechnern nur die Taste **log**, mit der sich der Logarithmus einer Zahl zur Basis 10 berechnen lässt.
Beispiel: $\log_{10} 100$ lässt sich mit der Tastenfolge **log** **100** berechnen. Das Ergebnis ist 2, denn $10^2 = 100$.
Das Berechnen von Logarithmen zu beliebigen Basiszahlen, lässt sich auf das Berechnen von Logarithmen zur Basis 10 zurückführen.

HINWEIS
Bei Logarithmen zur Basis 10 schreibt man häufig statt $\log_{10}$ kurz lg (dekadischer Logarithmus).
Achtung: Die Taschenrechnertaste trägt meistens die Bezeichnung „log".

Der Logarithmus einer Zahl y zur Basis b lässt mithilfe von Zehnerlogarithmen berechnen: $\log_b y = \frac{\log_{10} y}{\log_{10} b}$.

Erinnere dich: Bei der Exponentialfunktion wird jeder Zahl x die Potenz b^x zugeordnet. Ordnet man einer positiven Zahl x den Logarithmus $\log_b x$ zu, erhält man ebenfalls eine Funktion.

Funktionen mit der Funktionsgleichung $f(x) = \log_b x$ mit $b > 0$ und $b \neq 1$ nennt man *Logarithmusfunktionen (zur Basis b)*.

HINWEIS
Die Logarithmusfunktion ist die ***Umkehrfunktion*** *der Exponentialfunktion. Die Definitionsmenge und die Wertemenge vertauschen sich beim Übergang von der Exponentialfunktion zu ihrer Umkehrfunktion.*

$f(x) = 2^x$

x	−2	−1	0	1	2
2^x	$\frac{1}{4}$	$\frac{1}{2}$	1	2	4

$g(x) = \log_2 x$

x	$\frac{1}{4}$	$\frac{1}{2}$	1	2	4
$\log_2 x$	−2	−1	0	1	2

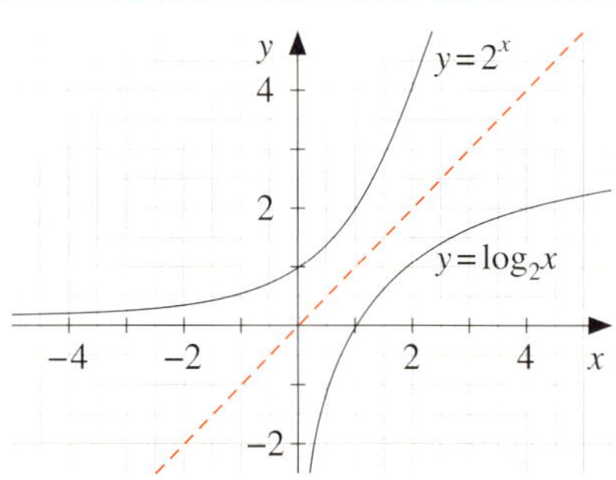

Den Graphen der Logarithmusfunktion erhält man aus dem Graphen der Exponentialfunktion durch Spiegeln an der Winkelhalbierenden.

Erinnere dich: Bei statistischen Erhebungen entstehen oft lange Listen von Daten, in denen jede Menge Informationen stecken. Damit die wichtigsten Informationen herausgelesen werden können, sollten die Daten übersichtlich dargestellt werden. Beim Interpretieren der Daten helfen z. B. verschiedene Mittelwerte:

HINWEIS
Den Zentralwert nennt man auch Median.

Der **Zentralwert** einer Datenmenge ist der mittlere Wert der nach der Größe geordneten Daten. Ist die Anzahl der Daten gerade, ist der Zentralwert die Summe der beiden mittleren Werte dividiert durch 2.
Das **arithmetische Mittel** (auch **Durchschnitt**) ist die Summe aus allen Daten dividiert durch die Anzahl der Daten.

ERINNERE DICH
Ein weiterer Mittelwert ist der Modalwert. Der Modalwert ist der Wert, der am häufigsten vorkommt.

Beispiel

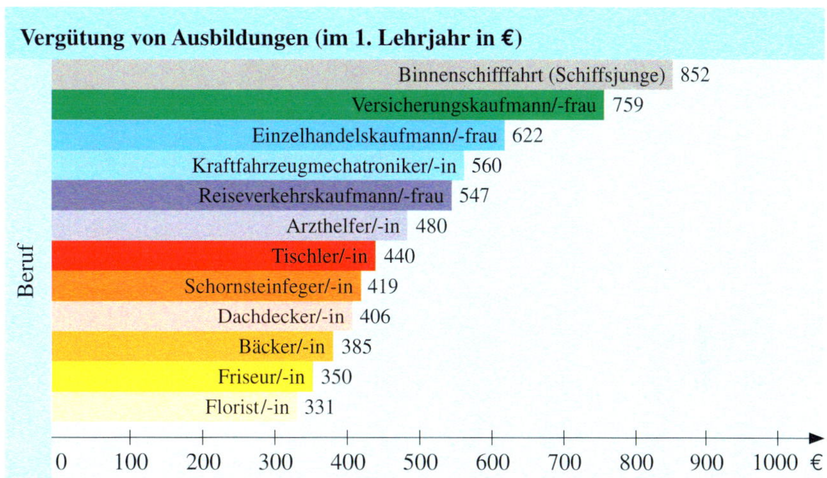

Zentralwert: $\frac{440\,€ + 480\,€}{2} = 460\,€$

arithmetisches Mittel: $\frac{331\,€ + 350\,€ + \ldots + 759\,€ + 852\,€}{12} \approx 512{,}58\,€$

ERINNERE DICH
Daten lassen sich mit verschiedenen Diagrammformen darstellen, z. B. mit Säulen-, Kreis- oder Liniendiagrammen.

Daten lassen sich mithilfe von **Boxplots** übersichtlich darstellen.
Um einen Boxplot zu zeichnen, benötigt man fünf besondere Werte:
– den kleinsten Wert (**Minimum**)
– den größten Wert (**Maximum**)
– den Zentralwert
– den Zentralwert der unteren Hälfte aller Daten (**Viertelwert**)
– den Zentralwert der oberen Hälfte aller Daten (**Dreiviertelwert**)
Für die fünf Werte zeichnet man senkrechte Striche über einer Zahlengeraden. Die drei mittleren Werte werden durch waagerechte Striche zu einer Box verbunden. Die beiden äußeren Werte werden mit waagerechten Strichen mit der Box verbunden.

HINWEIS
Zwischen je zwei aufeinanderfolgenden Werten befinden sich jeweils 25 % der Daten. In der Box befinden sich also 50 % der Daten.

Beispiel

Für die Vergütung von Ausbildungen gilt:
Minimum: 331 € *Maximum*: 852 € *Zentralwert*: 460 €
Viertelwert: 406 € *Dreiviertelwert*: 622 €

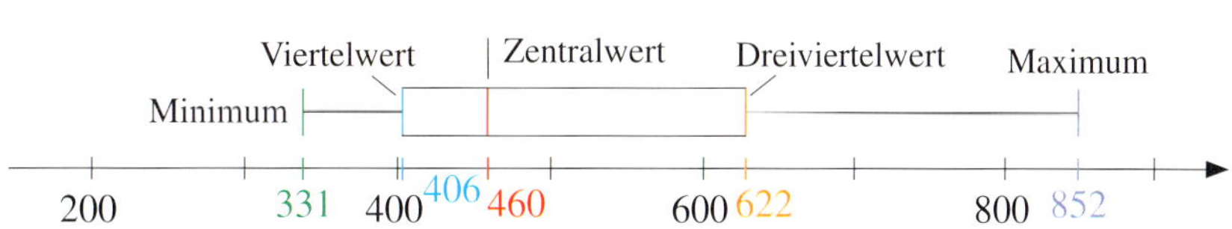

Streumaße

BEISPIEL
Körpergröße zweier Basketballteams:
***Team 1:** 2,04 m; 1,64 m; 2,03 m; 1,97 m; 1,62 m*
arithmetisches Mittel: 1,86 m
***Team 2:** 1,87 m; 1,78 m; 1,88 m; 1,90 m; 1,87 m*
arithmetisches Mittel: 1,86 m

ERINNERE DICH
Spannweite = Maximum – Minimum

HINWEIS
$x_1, x_2, \ldots x_n$ *ist eine Auflistung aller Daten.* n *ist die Anzahl der Daten.*

Mittelwerte sagen nichts darüber aus, wie groß die Schwankung der Daten ist. Beim Beispiel links sind die arithmetischen Mittel gleich, aber in Team 2 sind alle Spieler etwa gleich groß und in Team 1 gibt es „Riesen" und „Zwerge".
Über die Schwankung geben **Streumaße** Auskunft.
Das einfachste Streumaß ist die Spannweite. Ausreißer beeinflussen die Spannweite, sie liefert deshalb keine verlässliche Aussage über die Streuung der Daten.
Ein aussagekräftiges Streumaß ist die **mittlere Abweichung**. Sie gibt den durchschnittlichen Abstand der Datenwerte vom arithmetischen Mittel an.

Die mittlere Abweichung a ist der Quotient aus der Summe aller Abstände der einzelnen Datenwerte vom arithmetischen Mittel m und der Anzahl der Daten.
Als Formel: $a = \frac{|x_1 - m| + |x_2 - m| + \ldots + |x_n - m|}{n}$

Beispiel

Durchschnittliche Mietpreise für Altbauwohnungen in Westdeutschland						
Stadt	Köln	Wiesbaden	Stuttgart	Frankfurt	Hamburg	München
$\frac{€}{m^2}$	6,40	6,79	6,95	7,03	7,16	10,50

Durchschnittliche Mietpreise für Altbauwohnungen in Ostdeutschland						
Stadt	Stralsund	Berlin	Halle	Leipzig	Dresden	Schwerin
$\frac{€}{m^2}$	4,48	4,85	4,88	4,92	5,29	5,40

Arithmetisches Mittel: $m_{west} = 7{,}47$ €; $m_{ost} = 4{,}97$ €
Mittlere Abweichung: $a_{west} = 1{,}01$ €; $a_{ost} = 0{,}25$ €
Die Mieten in den ostdeutschen Städten schwanken nicht so stark wie die Mieten in den westdeutschen Städten.

HINWEIS
Bei vielen Taschenrechnern ist die Berechnung von Streumaßen vorprogrammiert und über spezielle Tasten abrufbar. Auch mit Tabellenkalkulationsprogrammen lassen sich Streumaße berechnen.

HINWEIS
Durch das Quadrieren werden große Abweichungen vom arithmetischen Mittelwert m bei der Varianz stärker berücksichtig als bei der mittleren Abweichung.

Ein weiteres Streumaß ist die **Varianz**.

Die *Varianz* v ist der Quotient aus der Summe der quadratischen Abweichungen vom arithmetischen Mittel m und der Anzahl der Daten.
Als Formel: $v = \frac{(x_1 - m)^2 + (x_2 - m)^2 + \ldots + (x_n - m)^2}{n}$

Da die quadratische Einheit der Varianz nicht sehr anschaulich ist (z. B. €²), zieht man oft die Wurzel aus der Varianz.

Die Quadratwurzel aus der Varianz heißt *Standardabweichung*, $s = \sqrt{v}$.

Die Varianz bzw. die Standardabweichung ist umso kleiner, je weniger die Werte streuen.

Beispiel

Varianz: $v_{west} = 1{,}89$ €²; $v_{ost} = 0{,}09$ €²
Standardabweichung: $s_{west} = 1{,}37$ €; $s_{ost} = 0{,}30$ €

Methodenseiten

aus dem Lehrbuch
Mathematik interaktiv
Klasse 10

Erstellen eines Lösungsplans

Bei geometrischen Berechnungen kann man die gesuchte Größe häufig nicht direkt aus den gegebenen Größen berechnen. Dann ist es hilfreich, vor dem Rechnen den Lösungsweg zu planen.

1 Fertige eine Skizze an und kennzeichne gegebene Größen.

2 Welche Größe ist gesucht? Welche Formeln sind zur Berechnung bekannt?

3 Welche Zwischengrößen werden zur Berechnung gebraucht? Welche davon sind zu berechnen?

4 Wie lassen sich die Zwischengrößen berechnen?

5 Zwischengrößen berechnen. (Um Rundungsfehler zu vermeiden, sollten die Zwischengrößen nicht gerundet werden.) Anschließend die gesuchte Größe berechnen.

Beispiel: Von einem Dreieck ABC sind die Seiten $a=2\,\text{cm}$, $b=5\,\text{cm}$ und $c=4\,\text{cm}$ gegeben.
Wie groß ist der Flächeninhalt des Dreiecks?

Gesucht: Flächeninhalt A
Formel: $A=\frac{1}{2}ab\cdot\sin\gamma$

Benötigt werden: a, b, γ
Zu berechnen: γ

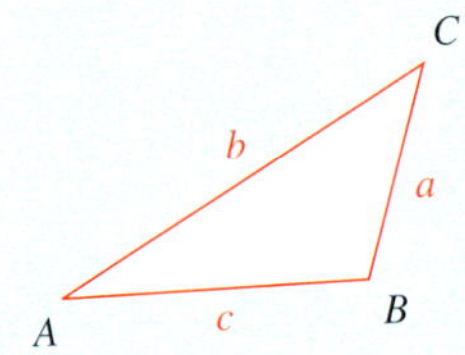

Lösungsüberlegung: In jedem Dreieck gelten der Sinussatz und der Kosinussatz.
Kommt in einer der Formeln die Zwischengröße als einzige Unbekannte vor?
Kosinussatz: $c^2=a^2+b^2-2ab\cdot\cos\gamma$
Nur γ ist unbekannt.
$\cos\gamma=\frac{a^2+b^2-c^2}{2ab}$
Daraus lässt sich γ berechnen.
Nun lässt sich A berechnen.

Beispielaufgaben

Aufgabe

Zeige mithilfe des Kosinussatzes, dass in einem gleichseitigen Dreieck alle Innenwinkel gleich groß sind.

1 Von einem Viereck $ABCD$ sind $a=4{,}7\,\text{cm}$, $b=7{,}2\,\text{cm}$, $c=4{,}5\,\text{cm}$, $\beta=36°$ und $\gamma_1=52°$ gegeben.
Wie lässt sich die Länge der fehlenden Seite berechnen?

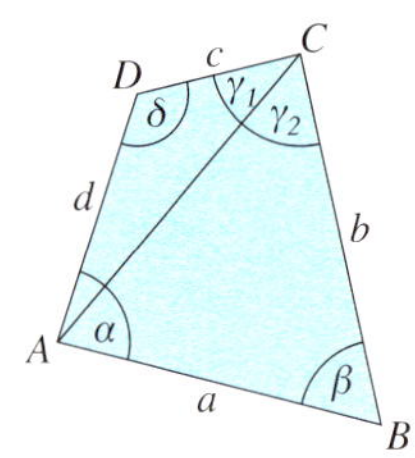

2 Berechne die gesuchte Größe.
a) Von einem Viereck $ABCD$ sind $b=6{,}9\,\text{cm}$, $c=4{,}6\,\text{cm}$, $d=3{,}1\,\text{cm}$, $\gamma_2=102°$ und $\delta=132°$ gegeben.
Wie lang ist a?
b) Von einer Raute $ABCD$ sind $\overline{AB}=5{,}8\,\text{cm}$ und $\sphericalangle BAD=54°$ gegeben.
Wie lang ist $\overline{AC}$?

Erinnere dich

Der Winkel $\sphericalangle BAD$ hat den Scheitelpunkt A und die Schenkel $\overline{AB}$ und $\overline{AD}$.

3 Von einem Viereck $ABCD$ sind $\overline{AB}=3{,}8\,\text{cm}$, $\overline{BC}=5{,}6\,\text{cm}$, $\overline{AC}=7{,}8\,\text{cm}$, $\alpha=104°$ und $\beta=78°$ gegeben.
Fertige einen Lösungsplan zur Berechnung des Flächeninhalts des Vierecks an.
Stelle deinen Lösungsplan in der Klasse vor.

Hinweis

Mit einem Tachymeter lassen sich Weiten und Winkel messen.

4 Weitenmessung beim Diskuswurf
Vor dem Wettkampf wird ein Tachymeter an einem festen Ort in der Nähe des Wurfringes aufgestellt. Die Strecke s zwischen Tachymeter und Mittelpunkt des Wurfringes wird gemessen. Der Radius $r=1{,}25\,\text{m}$ des Wurfringes ist vorgeschrieben.
Ist ein Diskus geworfen, steckt ein Kampfrichter einen Reflektor in den Aufschlagspunkt.
Mit dem Tachymeter werden d und α gemessen.
Beschreibe, wie sich die Wurfweite berechnen lässt.

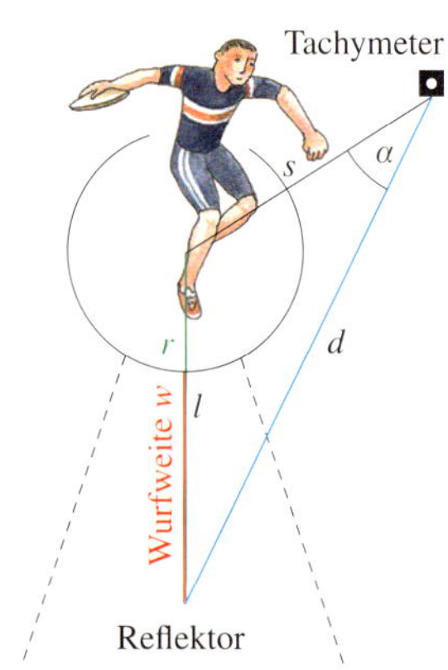

Modellieren mit Exponentialfunktionen

Reales Problem
In einem Experiment wird das Wachstum von Algen untersucht. Die ersten Messergebnisse werden in einer Tabelle festgehalten. Mit welcher Algenfläche ist in zwei Wochen zu rechnen?

Tag	Größe des Algenteppichs
2	$3{,}38\,\text{cm}^2$
5	$7{,}43\,\text{cm}^2$

Informationen entnehmen

Informationen
Informationen aus der Tabelle entnehmen:
$f(2)=3{,}38$ und $f(5)=7{,}43$

Mathematisieren

Mathematisches Modell
Es wird exponentielles Wachstum angenommen.
Daraus ergibt sich das Gleichungssystem:

I $f(2)=a\cdot b^2=3{,}38$ **II** $f(5)=a\cdot b^5=7{,}43$ **II : I** ergibt $b^3=\frac{7{,}43}{3{,}38}$

Somit ergibt sich für den **Wachstumsfaktor** $b=\sqrt[3]{\frac{7{,}43}{3{,}38}}\approx 1{,}3$;
d. h. die Algen wachsen täglich um rund 30 %.
Um den Anfangswert a zu ermitteln, setzt man den errechneten Wert für b in eine der Gleichungen ein:
$a\cdot 1{,}3^2=3{,}38$, also ist $a=\frac{3{,}38}{1{,}3^2}=2$

Mathematisch lösen

Mathematisches Ergebnis
2 Wochen = 14 Tage
$f(14)=2\cdot 1{,}3^{14}\approx 78{,}75$

Interpretieren

Übertragen in die Alltagssprache
Nach zwei Wochen kann man mit einem Algenteppich von $78{,}75\,\text{cm}^2$ rechnen.

Prüfen: Ist damit das Problem gelöst?

Beispielaufgaben

1 In einem Labor wird die Anzahl von Insekten untersucht. Nach drei Wochen beträgt die Anzahl 160, nach fünf Wochen 400.
a) Schätze die Anzahl zu Beginn des Experiments und rechne dann nach.
b) Wie viele Insekten erwartest du nach 2 Monaten?
c) Warum handelt es sich bei den Zahlen in a) und b) nur um Schätzungen?

2 Bei einer Verkehrskontrolle wird bei einem Autofahrer ein Alkoholgehalt von 1,2 ‰ festgestellt. Die zweite Blutanalyse ergibt nach einer Stunde einen Alkoholgehalt von 1,0 ‰ (1 ‰ = 1 Promille = 0,1 %).
a) Berechne mit einem exponentiellen und einem linearen Modell den Blutalkoholgehalt drei Stunden vor der Kontrolle.
b) Welches Modell hältst du für realistischer?

3 Die Funktion der Bauchspeicheldrüse kann überprüft werden, indem ein bestimmter Farbstoff in sie gespritzt und dessen Ausscheiden gemessen wird. Eine gesunde Bauchspeicheldrüse scheidet 4 % des jeweils vorhandenen Farbstoffes pro Minute aus.
Bei einer Untersuchung wird einer Patientin 0,3 g des Farbstoffes injiziert. Nach 40 Minuten sind noch 0,07 g des Farbstoffes in ihrer Bauchspeicheldrüse vorhanden.
Liegen Anzeichen einer Erkrankung vor?

Manipulieren mit Statistiken

Oft werden Statistiken manipuliert, um bestimmte Interessen zu vertreten.
Es gibt zahlreiche Arten der Irreführung.

1 Grafische Tricks
Es gibt viele Möglichkeiten, ein paar Beispiele:
- verzerrte Achseneinteilung
- abgeschnittene Achsenstücke
- verschieden große Datenmengen werden zusammengefasst
- nicht proportionale Größendarstellungen

2 Sprachliche Beeinflussung
Die Art der Fragen bzw. der Antwortmöglichkeiten beeinflusst die Antworten.
Auch die Verwendung von unklaren Begriffen kann zu falschen Statistiken führen.

3 Unklare statistische Begriffe
Zum Beispiel wird von Mittelwerten gesprochen und es ist nicht klar, ob das arithmetische Mittel, der Zentralwert, … gemeint ist.

Abschneiden der y-Achse

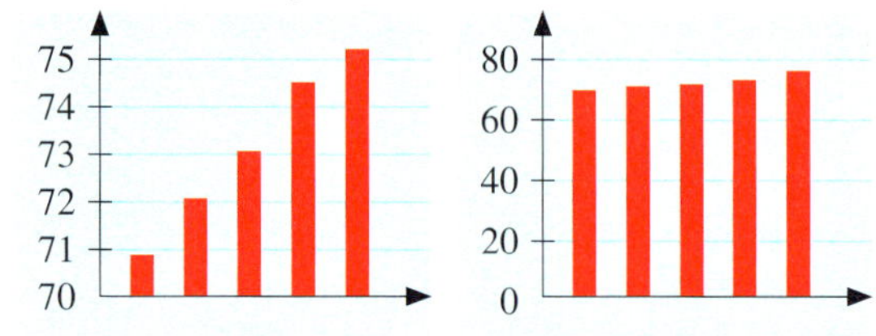

Verschiedene Definitionen von Begriffen

Heute gibt es eine halbe Million Analphabeten in Deutschland. Zu Kaiser Wilhelms Zeiten waren es weniger als 10 000.

Analphabeten
1900: Personen die ihren Namen nicht schreiben können
2010: Personen mit Defiziten beim Schreiben und Lesen

Welcher Mittelwert ist wohl gemeint?

Bei der Firma Fix verdienen Frauen 20 € und Männer 30 € (pro h). Der Durchschnittslohn beträgt also 25 €.

Beispielaufgaben

Nachgedacht

Eine Befragung an mehreren Vormittagen hat folgende Berufsverteilung in einer Stadt ergeben:

Hausmeister/-in:	*28 %*
Hausfrau/-mann:	*32 %*
Arbeitslos:	*20 %*
Schriftsteller/-in:	*5 %*

Ist die Umfrage repräsentativ?

1 Max bekommt doppelt so viel Taschengeld wie Paul.

a) Beurteile die verschiedenen Darstellungen.
Welche mathematischen Fehler stecken in ihnen?

b) In welchen Situationen könnte einer von beiden Interesse an falschen Darstellungen haben? Denke dir Beispiele aus.

2 Wie beurteilst du die grafischen Darstellungen?

a)

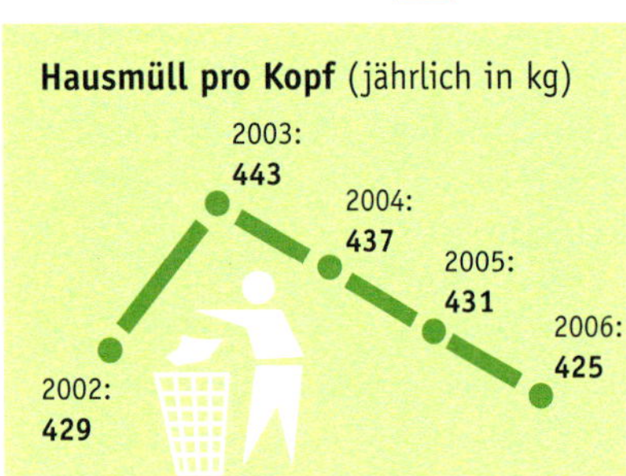

b)

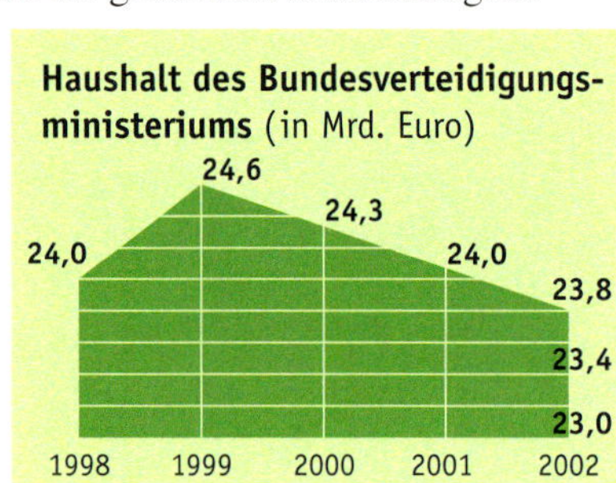

c)

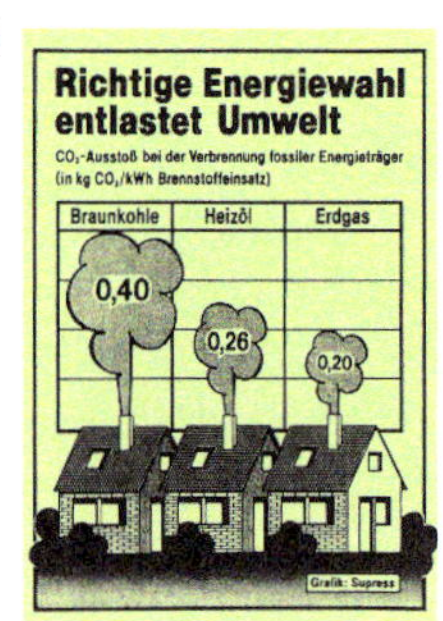

Teste dein Wissen!

1 Schreibe mithilfe von Potenzen.

a $(-5)\cdot(-5)\cdot(-5)\cdot(-5)$

b $a\cdot a\cdot a\cdot a\cdot a\cdot a\cdot b\cdot b\cdot b$

c $\frac{1}{2}\cdot\frac{1}{2}\cdot\frac{1}{2}\cdot\frac{1}{2}\cdot r\cdot r\cdot r\cdot r$

2 Berechne ohne Taschenrechner.

a 9^2; 30^2; 4^3; 3^5

b 50^3; $1{,}1^2$; 100^3; 20^4

c $\left(\frac{3}{4}\right)^3$; $0{,}2^4$; $\frac{1}{5^3}$; $\frac{2^4}{9^3}$

3 Schreibe als Potenz mit einer möglichst kleinen natürlichen Basis.

a 100; 27; 64; 125

b 0,01; 6,25; 0,008; 0,729

4 Ordne die Zahlen der Größe nach.

$\left(\frac{1}{4}\right)^2$ 4^0 $0{,}2^2$ $(-2)^3$ $(-10)^4$

5 Welche Zahl ist größer, $(3^2)^3$ oder 3^{3^2}? Begründe deine Antwort.

6 Schreibe in wissenschaftlicher Schreibweise.

a 7300; 88 500; 3 Milliarden

b 0,086; 0,000 768; 0,000 000 88

7 Schreibe die Zahlen ausführlich.

a $7{,}3\cdot 10^4$; $9{,}1568\cdot 10^3$; $7{,}1378673\cdot 10^5$

b $4{,}3\cdot 10^{-5}$; $721\,568{,}3\cdot 10^{-7}$; $56{,}3\cdot 10^{-3}$

8 Gib die folgenden Größen in wissenschaftlicher Schreibweise an.

a Durchmesser rotes Blutkörperchen: 0,0007 cm.

b Länge von Bakterien: etwa 0,0001 mm

c Erdoberfläche: 500 Millionen km^2

d Entfernung Sonne – Pluto: 5 900 000 km

e Ausgaben Bundeswehr 2009: 31 100 000 000 €

9 Berechne mit dem Taschenrechner. Runde das Ergebnis sinnvoll.

a 9^5; 3^6; $1{,}6^3$; $(-23)^7$; $(-0{,}19)^4$

b $\left(\frac{7}{18}\right)^5$; $-\frac{3}{4^6}$; $\left(-\frac{3}{4}\right)^6$; $(-\sqrt{2})^6$

10 Schreibe ohne negativen Exponenten.

a 2^{-2}; 4^{-5}; 7^{-3}; 18^{-4}; -12^{-3}

b $\left(\frac{1}{3}\right)^{-3}$; $15^{-\frac{1}{2}}$; $\left(\frac{2}{3}\right)^{-3}$; $0{,}5^{-2}$; $\left(\frac{1}{8}\right)^{-3}$

11 Schreibe mit negativen Exponenten.

$\frac{1}{3^7}$; $\frac{1}{11^4}$; $\frac{1}{64}$; $\frac{1}{625}$; 0,0001

12 Schreibe als Wurzel und berechne.

a $100^{\frac{1}{2}}$; $3600^{\frac{1}{2}}$; $125^{\frac{1}{3}}$

b $0{,}512^{\frac{1}{3}}$; $1024^{\frac{1}{5}}$; $3{,}24^{0{,}5}$

13 Schreibe als eine Potenz und berechne.

a $13^5\cdot 13^4$; $27^{-4}\cdot 27^5$; $11^{-3}\cdot 11^{-4}$

b $10^6:10^4$; $28^5:28^6$; $14^{-5}:14^{-4}$

c $x^5\cdot x^3$; $(-ab)^4\cdot(-ab)^9$; $(2r)^3\cdot(4s)^4\cdot(2r)^5$

d $y^6:y^4$; $y^{-5}:y^4$; $(-3z)^5:(-3z)^{-4}$

14 Bestimme passende Terme für die Platzhalter.

a $12x^4\cdot$ ▒ $=60x^6$; ▒ $\cdot 18p^{-4}=72p^2$

b $80s^6:$ ▒ $=5s^2$; ▒ $:3r^3=21r^{-2}$

15 Löse die Klammern auf.

a $x^6\cdot(x^2+x^5)$; $3a^6\cdot(2a^4-4a^5)$

b $4xy\cdot(y^2+6x^2)$; $6a^3b^2\cdot(a^2-2b^5)$

c $(2a^4-3b^3)\cdot(a^2+6b^2)$

16 Klammere aus.

a x^5+x^3+2x; p^6-p^3+p

b $4y^3+8y^5-2x^2$; $a^2b^5+ab^3-a^3b$

17 Schreibe als eine Potenz und berechne.

a $2^3\cdot 5^3$; $8^2\cdot 2{,}5^2$; $-2^3\cdot 2^3$

b $\left(\frac{1}{4}\right)^3\cdot 8^3$; $0{,}8^4\cdot 0{,}8^4\cdot 50^4$; $\left(\frac{2}{3}\right)^3\cdot\left(-\frac{15}{20}\right)^3$

c $m^5\cdot n^5$; $-r^8\cdot s^8$; $(4a)^6\cdot(0{,}5b)^6$

18 Schreibe als eine Potenz und berechne.

a $\frac{36^4}{12^4}$; $\frac{100^4}{25^4}$; $\frac{1^8}{0{,}5^8}$

b $\frac{a^4}{b^4}$; $\frac{(xy)^7}{x^7}$; $(ab)^3:\left(\frac{1}{2}\right)^3$

19 Schreibe als eine Potenz und berechne.

a $(2^3)^5$; $(10^3)^2$; $(-4^2)^3$; $(3^{-2})^{-2}$

b $(a^3)^4$; $(-x^3)^5$; $-(y^2)^{-5}$; $(b^x)^y$

20 Löse die binomischen Formeln auf.

a $(a^2+b^2)^2$

b $(2s^3-4r^2)^2$

c $(5a^4+6b^3)\cdot(5a^4-6b^3)$

21 Die Punkte sollen auf dem Graphen der Funktion mit der Gleichung $y=x^3$ liegen. Bestimme die fehlenden Koordinaten.

a $P_1(4{,}5;\square)$; $P_2(-0{,}6;\square)$; $P_3(\frac{1}{4};\square)$

b $P_1(\square;-8\,000)$; $P_2(\square;729)$; $P_3(\square;\frac{1}{27})$

22 Die drei Funktionen mit den Gleichungen **1)** $y=x^4$; **2)** $y=x^5$ und **3)** $y=x^{\frac{1}{2}}$ sind gegeben. Welche der Aussagen trifft auf welche der Funktionen zu?

a Der Graph verläuft durch den Punkt (1;1).

b Der Graph verläuft durch den Punkt (−1;0).

c Der Graph verläuft durch den Punkt (−1;−1).

d Der Graph ist achsensymmetrisch zur *y*-Achse.

e Die Funktion ist wachsend.

f Der Graph ist punktsymmetrisch zu (0;0).

g Der Graph nähert sich immer dichter der *x*-Achse an.

h Der Graph nähert sich immer dichter der *y*-Achse an.

23 Beschreibe die Arten von Potenzfunktionen, die du kennst, und skizziere typische Graphen.

24 Zeichne Graphen der Funktionen mit den angegebenen Funktionsgleichungen.

a $y=x^3$ $\quad -2\le x\le 2$

b $y=x^4$ $\quad -2\le x\le 2$

c $y=x^{-2}$ $\quad -4\le x\le 4,\ x\ne 0$

d $y=x^{\frac{1}{2}}$ $\quad 0\le x\le 6$

25 Die Raumsonde Voyager 1 wurde am 5. 9. 1977 gestartet. Heute fliegt sie ganz am Rande unseres Sonnensystems mit einer Geschwindigkeit von 3,6 AE pro Jahr (AE = astronomische Einheit; $1\,\text{AE}=1{,}496\cdot 10^8\,\text{km}$).
Welche Strecke legt Voyager 1 in einer Stunde (an einem Tag) zurück?

26 Beim freien Fall lässt sich die zurückgelegte Strecke *s* (in m) nach einer Zeit *t* (in s) mithilfe der Formel $s=4{,}905\cdot t^2$ berechnen (ohne Berücksichtigung des Luftwiderstands).

a Wie hoch muss ein Turm sein, damit ein Stein 1 s (2 s; 5 s; 10 s) fällt, bevor er auf den Boden trifft?

b Wie lange benötigt ein Stein von der Spitze des Eiffelturms (325 m) bis zum Boden?

Schätze deine Kenntnisse und Fähigkeiten ein.
Ordne dazu deiner Lösung im Heft einen Smiley zu:
☺ Ich konnte die Aufgabe richtig lösen.
😐 Ich konnte die Aufgabe nicht komplett lösen.
☹ Ich konnte die Aufgabe nicht lösen.

› Die Lösungen findest du im Anhang.

Aufgabe	Ich kann …	Hier findest du Hinweise
1, 2, 3	Produkte aus gleichen Faktoren oder eine Zahl mithilfe von Potenzen schreiben und berechnen.	Seite 2
4, 5	Potenzen der Größe nach ordnen.	Seite 2
6, 7, 8	große und kleine Zahlen in Produkte mit Zehnerpotenzen – speziell auch in wissenschaftliche Schreibweise – umwandeln und umgekehrt.	Seite 2
9	Potenzen mit dem Taschenrechner berechnen.	Seite 2
10, 11	Brüche mithilfe einer Potenz mit negativen Exponenten schreiben und umgekehrt.	Seite 2
12	gebrochene Exponenten als Wurzel ausdrücken und berechnen.	Seite 4
13, 14, 15	Potenzen mit gleicher Basis multiplizieren bzw. dividieren.	Seite 3, 4
15, 20	Klammerterme mit Potenzen umformen.	Seite 3, 4
16	mithilfe der Potenzgesetze faktorisieren (ausklammern).	Seite 3, 4
17, 18	Potenzen mit verschiedenen Basiszahlen und gleichem Exponenten multiplizieren bzw. dividieren.	Seite 3, 4
19, 20	Potenzen potenzieren.	Seite 3, 4
21	fehlende Koordinaten von Punkten auf einem Graphen berechnen.	Seite 5
22, 23, 24	Graphen von Potenzfunktionen beschreiben, skizzieren und zeichnen.	Seite 5
25, 26	Sachaufgaben lösen.	Seite 2, 3, 4, 5

1 Welche k's sind ähnlich zum roten k? Begründe mithilfe der Eigenschaften ähnlicher Figuren.

2 Wahr oder falsch? Begründe deine Antworten.

a In ähnlichen Figuren sind entsprechende Seiten gleich lang.

b Zwei Rechtecke sind ähnlich, wenn entsprechende Seitenverhältnisse gleich sind.

c Der Maßstab beschreibt ein Verhältnis von Strecken ähnlicher Figuren.

d In ähnlichen Figuren stimmen entsprechenden Winkelgrößen überein.

3 Warum ist Figur A nicht ähnlich zur Figur B? Nenne mehrere Gründe.

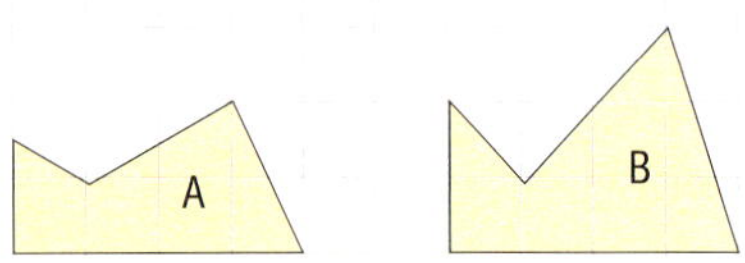

4 Zeichne ein Rechteck R_1 mit $a = 12\,\text{cm}$ und $b = 8\,\text{cm}$ und ein Rechteck R_2 mit $c = 9\,\text{cm}$ und $d = 6\,\text{cm}$.

a Sind die beiden Rechtecke ähnlich? Bestimme gegebenenfalls den Maßstab.

b Bestimme jeweils die Flächeninhalte und vergleiche sie miteinander.

5 Berechne die fehlenden Größen. (a = Originalgröße; b = Bildgröße; k = Maßstab)

a $a = 20\,\text{cm}$; $b = 25\,\text{mm}$; $k =$

b $a =$; $b = 4\,\text{cm}$; $k = 1:25\,000$

c $a = 32\,\text{m}$; $b =$; $k = 3:4000$

6 Bestimme jeweils den Vergrößerungs- bzw. Verkleinerungsfaktor.

a Ein DIN A5-Arbeitsblatt soll auf dem Fotokopierer auf DIN A4-Format vergrößert werden.

b Ein DIN A3-Arbeitsblatt soll auf DIN A4-Format verkleinert werden.

7 Von einem rechtwinkligen Dreieck ABC sind die Längen der Katheten a und b bekannt. Welche der Dreiecke $A'B'C'$ sind zu ABC ähnlich?

a $a = 3\,\text{cm}$; $b = 5\,\text{cm}$

a'	4 cm	4,5 cm	5,4 cm	6 cm	15 cm
b'	6 cm	7,5 cm	9 cm	10 cm	20 cm

b $a = 8\,\text{cm}$; $b = 14\,\text{cm}$

a'	4 cm	6 cm	5 cm	20 cm	10 cm
b'	7 cm	10 cm	8,75 cm	35 cm	18 cm

8 Zeichne die Dreiecke ABC und $A'B'C'$ mit $A(0;1)$, $B(3;3)$, $C(1;5)$ und $A'(6;-3)$, $B'(15;3)$, $C'(9;9)$ in ein Koordinatensystem.

a Liegt eine zentrische Streckung vor? Begründe deine Antwort.

b Gib gegebenenfalls den Streckfaktor und das Streckzentrum an.

9 Übertrage die Figur in dein Heft. Führe an Z eine zentrische Streckung mit dem Streckfaktor $k = 2$ bzw. $k = -2{,}5$ durch.

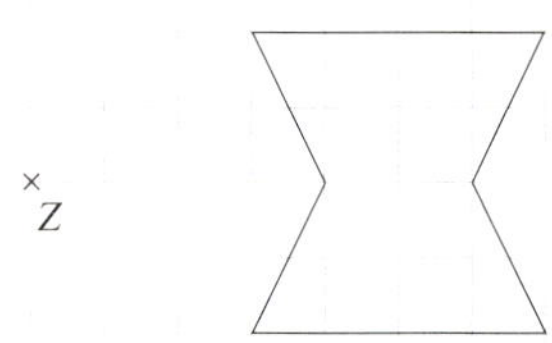

Wie wirkt sich die zentrische Streckung jeweils aus auf

a die Winkelgrößen?

b die Seitenlängen?

c den Flächeninhalt?

10 Zeichne ein Fünfeck mit den Eckpunkten $A(3;5)$, $B(2;4)$, $C(2;2)$, $D(4;2)$ und $E(4;4)$ in ein Koordinatensystem. Führe an $Z(0;0)$ eine zentrische Streckung mit den angegebenen Streckfaktoren durch.

a $k = 0{,}5$

b $k = 1{,}5$

c $k = -1$

d $k = -0{,}75$

11 Stelle alle Verhältnisgleichungen auf, die nach dem ersten und zweiten Strahlensatz gelten.

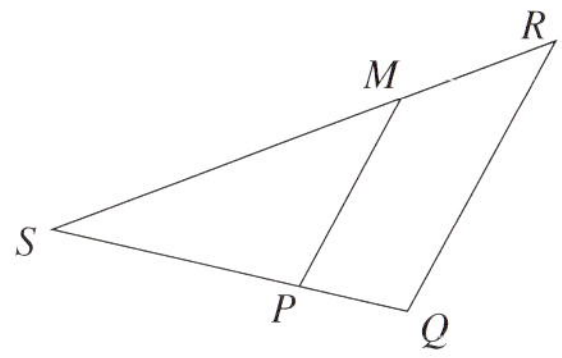

12 Berechne die fehlenden Streckenlängen.

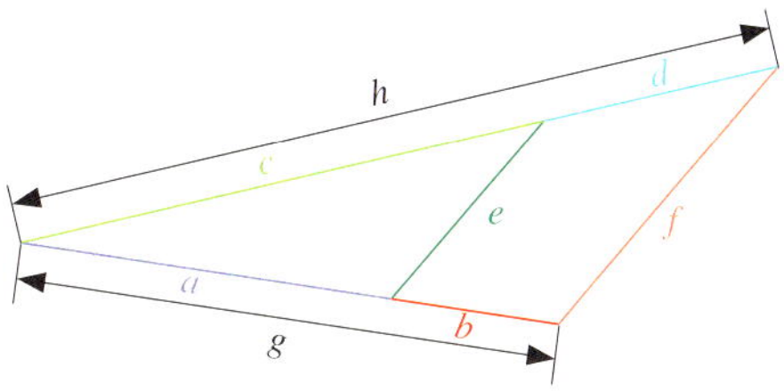

a $a = 8{,}4\,\text{cm}$; $g = 14\,\text{cm}$; $d = 4\,\text{cm}$; $e = 7{,}2\,\text{cm}$
b $b = 5{,}4\,\text{cm}$; $c = 16\,\text{cm}$; $h = 25\,\text{cm}$; $f = 22{,}5\,\text{cm}$

13 Berechne die fehlenden Längen.

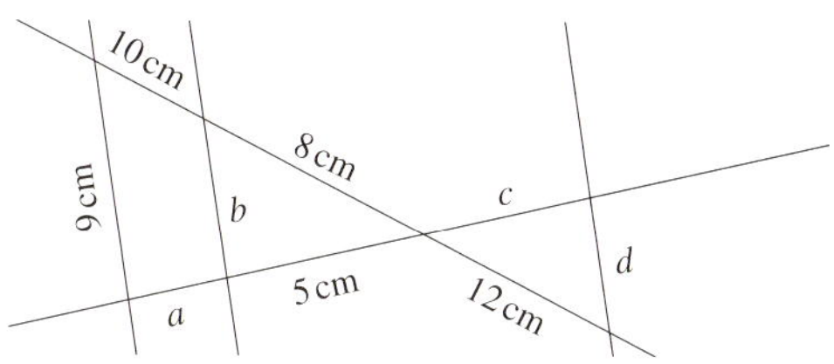

14 Ein 16 cm lange Kerze steht 40 cm von der Öffnung einer Lochkamera entfernt.
Wie weit muss die Rückwand der Lochkamera von der Öffnung entfernt sein, damit das Bild mindestens 10 cm groß ist?

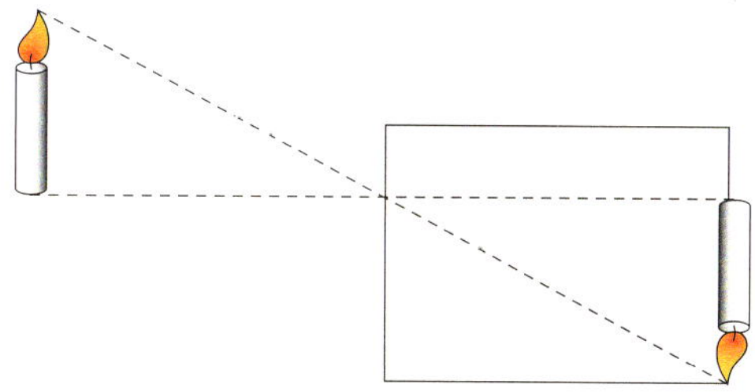

15 Bestimme die Breite des Flusses.

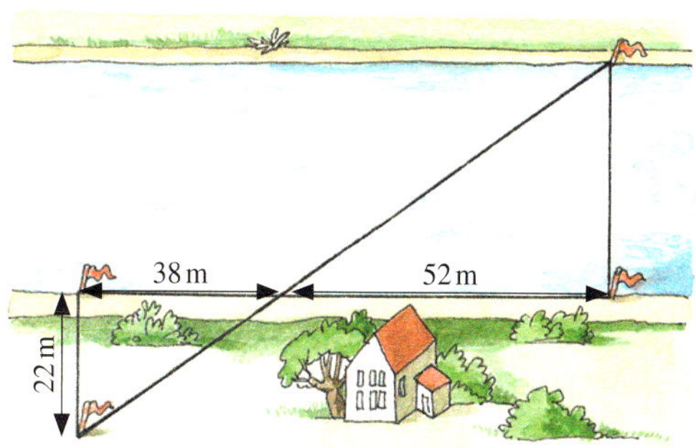

16 Beschreibe, wie man mithilfe eines Stabes und eines Maßbands bei Sonnenschein die Höhe eines Gebäudes bestimmen kann.

Schätze deine Kenntnisse und Fähigkeiten ein.
Ordne dazu deiner Lösung im Heft einen Smiley zu:
☺ Ich konnte die Aufgabe richtig lösen.
😐 Ich konnte die Aufgabe nicht komplett lösen.
☹ Ich konnte die Aufgabe nicht lösen.

Die Lösungen findest du im Anhang.

Aufgabe	Ich kann …	Hier findest du Hinweise
1, 2, 3, 4, 7	ähnliche Figuren erkennen und die Eigenschaften ähnlicher Figuren beschreiben.	Seite 6
4, 5, 6	maßstäbliche Abbildungen konstruieren und mit dem Maßstab rechnen.	Seite 6
4, 6, 9	die Auswirkungen maßstabgetreuer Vergrößerungen und Verkleinerungen auf Winkelgrößen, Streckenlängen und Flächeninhalt beschreiben.	Seite 6
8	Streckzentrum und Streckfaktor aus Original und Bild einer zentrischen Streckung ermitteln und Eigenschaften zentrischer Streckungen nennen.	Seite 6
9, 10	zentrische Streckungen konstruieren.	Seite 6
11	Verhältnisgleichungen an Strahlensatzfiguren aufstellen und den ersten und zweiten Strahlensatz wiedergeben.	Seite 7
12, 13	mithilfe der Strahlensätze fehlende Streckenlängen ermitteln.	Seite 7
14, 15, 16	die Strahlensätze zum Lösen von Sachaufgaben anwenden.	Seite 7

1 Schreibe für das rechtwinklige Dreieck alle möglichen Seitenverhältnisse auf und ordne ihnen Sinus, Kosinus und Tangens zu.

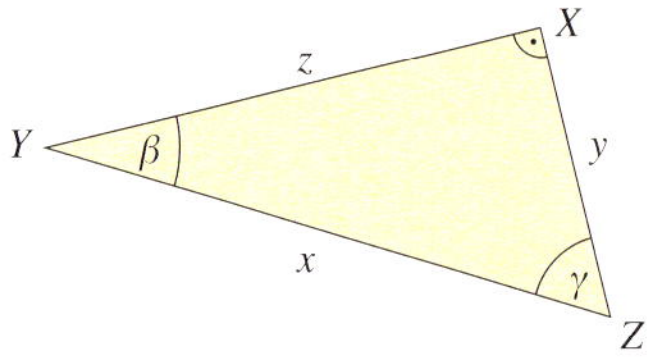

2 Gib die Hypotenuse des Dreiecks und die Ankathete und Gegenkathete für beide spitze Winkel an.
Gib für die spitzen Winkel mindestens je zwei Möglichkeiten für ihre Berechnung an.

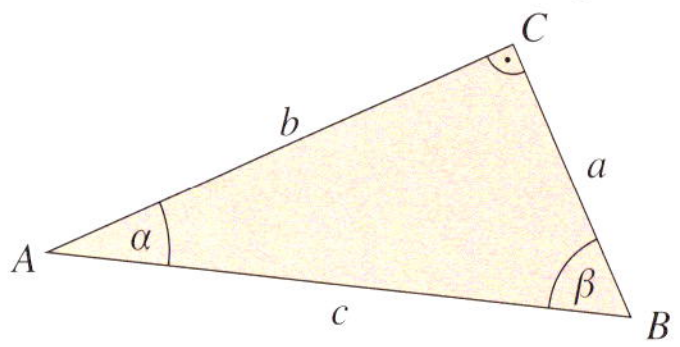

3 Im Dreieck ABC gilt $\gamma=90°$.
Bestimme mit dem Taschenrechner die Größe der beiden spitzen Winkel.
a $\sin\alpha=0{,}0894$
b $\sin\beta=0{,}3762$
c $\cos\alpha=0{,}5769$
d $\cos\beta=1{,}0098$
e $\cos\alpha=0{,}9210$

4 Zeichne ein rechtwinkliges Dreieck ABC mit den angegebenen Größen.
Berechne die Länge der fehlenden Seite und die Größe der spitzen Winkel.
Überprüfe dein Ergebnis durch Messen.
a $a=4{,}2\,\text{cm}$; $c=6{,}0\,\text{cm}$; $\gamma=90°$
b $a=2{,}5\,\text{cm}$; $b=5{,}9\,\text{cm}$; $\beta=90°$
c $b=4{,}5\,\text{cm}$; $c=5{,}0\,\text{cm}$; $\alpha=90°$

5 Berechne die Länge der fehlenden Seiten und die Größe der fehlenden Winkel.
a Rechteck

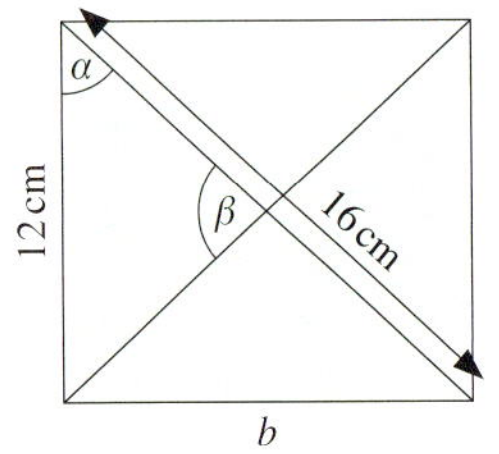

b Parallelogramm

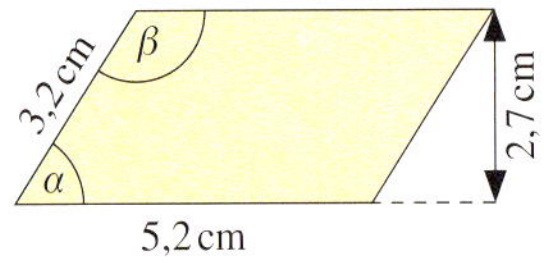

6 Zeichne Graphen der linearen Funktionen mit den folgenden Gleichungen.
Berechne jeweils den Steigungswinkel.
a $y=2x-4$
b $y=\frac{2}{3}x-3$
c $y=-\frac{1}{6}x-1$

7 Bestimme für folgende Steigungen den Steigungswinkel.
a 7 %; 12,4 %
b 15 %; 6,8 %

8 Gegeben ist ein gleichschenkliges Dreieck ABC mit $a=b$, $\beta=52°$ und $c=6{,}8\,\text{cm}$.
a Fertige eine Skizze an und markiere die gegebenen Größen.
b Gib die Größe aller Winkel an.
c Berechne die Länge der Seiten a und b und der Höhe h_c.
d Berechne den Umfang und den Flächeninhalt des Dreiecks.

9 Eine Leiter lehnt in einer Höhe von 3,5 m an einer Hauswand. Der Winkel, den die Leiter mit dem waagerechten Boden einschließt, beträgt 61°.
Berechne die Länge der Leiter.

10 Der Funkturm in Berlin ist 146 m hoch.
In welcher Entfernung vom Funkturm sieht man ihn unter einem Höhenwinkel von 40° (Augenhöhe 1,60 m)?

11 Zeichne ein Dreieck ABC mit den angegebenen Maßen.
Berechne die in Klammern stehende Größe.
Überprüfe dein Ergebnis zeichnerisch.
a $a=4\,\text{cm}$; $b=5\,\text{cm}$; $\beta=35°$ (α)
b $c=5{,}5\,\text{cm}$; $\alpha=40°$; $\gamma=65°$ (a)
c $a=5\,\text{cm}$; $b=6\,\text{cm}$; $\alpha=50°$ (β)

12 Bestimme jeweils alle Winkel α zwischen 0° und 180°, die die gegebenen Werte haben.
a $\sin\alpha=0{,}4$; $\sin\alpha=0{,}25$; $\sin\alpha=-0{,}6$
b $\cos\alpha=0{,}7$; $\cos\alpha=-0{,}3$; $\cos\alpha=2{,}3$
c $\tan\alpha=5{,}4$; $\tan\alpha=-0{,}3$

13 Von einem Dreieck ABC sind $a=9\,\text{cm}$, $\beta=27°$ und $\gamma=138°$ gegeben.
Berechne alle fehlenden Seitenlängen und Winkelgrößen.

14 Ein Dreieck ABC hat die Eckpunkte $A(2;1)$, $B(4;1)$ und $C(2;4)$.
- a Zeichne das Dreieck ABC in ein Koordinatensystem.
- b Berechne die Innenwinkel des Dreiecks.
- c Berechne den Flächeninhalt des Dreiecks.

15 Von einem Dreieck ABC sind $c = 120\,\text{m}$, $\alpha = 43°$ und $\beta = 68°$ gegeben.
Berechne die Länge der Höhe h_c.
Stelle dafür einen Lösungsplan auf.

16 Berechne jeweils die fehlende Seitenlänge des Dreiecks ABC.
- a $a = 6{,}5\,\text{cm}$; $b = 5{,}0\,\text{cm}$; $\gamma = 80°$
- b $b = 3{,}8\,\text{cm}$; $c = 4{,}3\,\text{cm}$; $\alpha = 65°$
- c $a = 9{,}3\,\text{cm}$; $c = 4{,}5\,\text{cm}$; $\beta = 110°$

17 Berechne jeweils die Größe aller Innenwinkel des Dreiecks ABC.
- a $a = b = 5{,}6\,\text{cm}$; $c = 7{,}0\,\text{cm}$
- b $a = 4{,}5\,\text{cm}$; $b = 6{,}0\,\text{cm}$; $c = 3{,}8\,\text{cm}$
- c $a = 230\,\text{m}$; $b = 380\,\text{m}$; $c = 510\,\text{m}$
- d $a = 2{,}1\,\text{m}$; $b = 31\,\text{dm}$; $c = 1{,}6\,\text{m}$

18 In einem Gelände wurden Vermessungen vorgenommen (s. Abbildung).

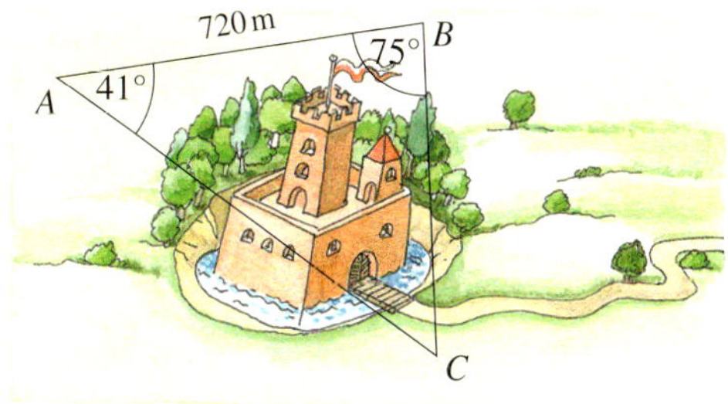

Wie weit sind die Punkte A und B jeweils von C entfernt?

19 Ein Hubschrauber überfliegt zwei Messpunkte A und B auf einer Straße, die einen Abstand von 720 m haben. Als er 690 m vom Punkt A entfernt ist, wird er von A aus unter einem Winkel von 61° gesehen.
- a Wähle einen geeigneten Maßstab und zeichne den Sachverhalt.
- b Berechne die Entfernung des Hubschraubers vom Punkt B.
- c Berechne die kürzeste Entfernung des Hubschraubers von der Straße.

Schätze deine Kenntnisse und Fähigkeiten ein.
Ordne dazu deiner Lösung im Heft einen Smiley zu:
☺ Ich konnte die Aufgabe richtig lösen.
😐 Ich konnte die Aufgabe nicht komplett lösen.
☹ Ich konnte die Aufgabe nicht lösen.

❯ Die Lösungen findest du im Anhang.

Aufgabe	Ich kann ...	Hier findest du Hinweise
1	Seitenverhältnisse in rechtwinkligen Dreiecken aufstellen und Sinus, Kosinus und Tangens zuordnen.	Seite 8
4, 5, 8, 9, 10	Seiten in rechtwinkligen Dreiecken berechnen.	Seite 9
2, 3, 4, 5	Winkel in rechtwinkligen Dreiecken berechnen.	Seite 9
6, 7	Steigungswinkel berechnen.	Seite 9
12	aus Sinus-, Kosinus- und Tangenswerten die zugehörigen Winkelgrößen berechnen.	Seite 10
11 a, c	mithilfe des Sinussatzes die Größe des zweiten spitzen Winkels berechnen (Fall SsW).	Seite 10
11b, 13, 15	mithilfe des Sinussatzes aus zwei Winkeln und der dazwischen liegenden Seite eine weitere Seitenlänge berechnen (Fall wsw).	Seite 10
16	mithilfe des Kosinussatzes die fehlende Seite eines Dreiecks berechnen (Fall sws).	Seite 11
14, 17	mithilfe des Kosinussatzes alle Winkelgrößen aus den drei Seitenlängen eines Dreiecks berechnen (Fall sss).	Seite 11
15, 18, 19	einen Lösungsplan erstellen und komplexe Aufgaben lösen.	Seite 22

1 Die Drehwinkel beschreiben jeweils einen Punkt auf dem Einheitskreis.
Gib jeweils drei weitere Winkelgrößen an, die den gleichen Punkt beschreiben.
a Drehwinkel $\alpha = 12°$
b Drehwinkel $\alpha = 585°$
c Drehwinkel $\alpha = -140°$

2 Zeichne einen Einheitskreis mit $r = 10\,\text{cm}$ und lies die folgenden Werte ab.
a $\sin 20°$; $\sin 30°$; $\sin 80°$; $\sin 135°$; $\sin 270°$
b $\cos 20°$; $\cos 45°$; $\cos 70°$; $\cos 180°$
c $\sin 400°$; $\sin(-35°)$; $\cos 685°$; $\cos(-120°)$

3 Bestimme zeichnerisch am Einheitskreis die Winkel α mit $0° \le \alpha \le 360°$, für die gilt:
a $\sin\alpha = 0{,}6$; $\sin\alpha = 0{,}8$; $\sin\alpha = -0{,}3$
b $\cos\alpha = 0{,}7$; $\cos\alpha = 0{,}2$; $\cos\alpha = -0{,}4$

4 Für welche Winkelgrößen α im Intervall $0° \le \alpha \le 360°$ gilt
a $\sin\alpha > 0$ bzw. $\sin\alpha < 0$?
b $\cos\alpha > 0$ bzw. $\cos\alpha < 0$?

5 Bestimme die Sinus- und Kosinuswerte der Winkel mithilfe eines Taschenrechners.
a 50°; 138°; 120°; 32°
b 950°; –630°; 722°; –270°

6 Beschreibe in eigenen Worten, was das Bogenmaß eines Winkels ist.
Erkläre den Zusammenhang zwischen dem Gradmaß und dem Bogenmaß eines Winkels.

7 Gegeben sind die Winkelgrößen im Gradmaß. Berechne das jeweils zugehörige Bogenmaß gerundet auf Hundertstel.
a 30°; 120°; 180°; 260°; 300°; 360°
b –15,5°; –58,2°; 194,8°; 269,1°

8 Die folgenden Winkelgrößen sind im Bogenmaß gegeben.
Berechne das zugehörige Gradmaß.
a 0,5; 0,79; 1,57; 4,71; 5,34; 6,28
b $\frac{\pi}{2}$; $\frac{\pi}{4}$; $\frac{3}{4}\pi$; 3π; $\frac{5}{2}\pi$; $-\frac{\pi}{4}$; $-\frac{\pi}{6}$

9 Ergänze die Tabelle im Heft.

Winkel α	45°	270°		630°	
Bogenmaß b			$\frac{\pi}{3}$		$-\frac{7}{8}\pi$

10 Ergänze die Tabelle im Heft.

	x	0	$\frac{\pi}{4}$	$\frac{\pi}{2}$	$\frac{3}{4}\pi$	…	2π
a	$\sin x$						
b	$\cos x$						

11 Zeichne Graphen der angegebenen Funktionen im Intervall $0° \le \alpha \le 360°$. Fertige zunächst eine Wertetabelle an.
a Sinusfunktion $y = \sin\alpha$
b Kosinusfunktion $y = \cos\alpha$

12 Lies aus dem Diagramm alle x-Werte der Sinus- bzw. der Kosinusfunktion ab, die folgende Funktionswerte haben:
$y = 0{,}4$; $y = 0{,}7$; $y = -0{,}2$; $y = -0{,}8$.

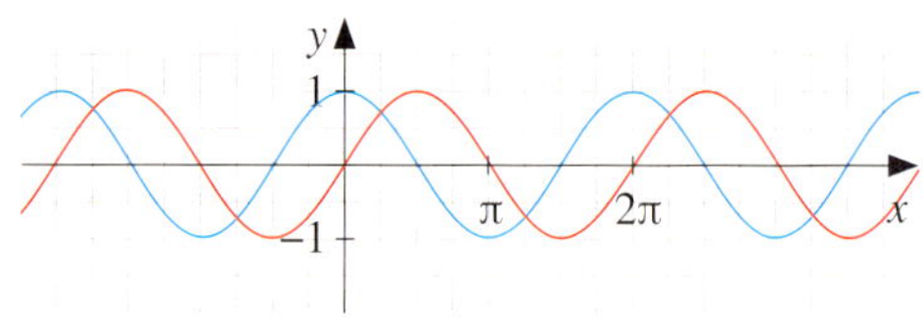

13 Stelle Graphen der Sinus- und der Kosinusfunktion mithilfe einer Schablone im selben Koordinatensystem dar.
a im Intervall $0° \le x \le 360°$
b im Intervall $-\pi \le x \le 2\pi$
c im Intervall $-4\pi \le x \le -\pi$

14 Beschreibe den Verlauf der Sinuskurve. Nenne markante Punkte.

15 Ausschnitt aus einem Graphen

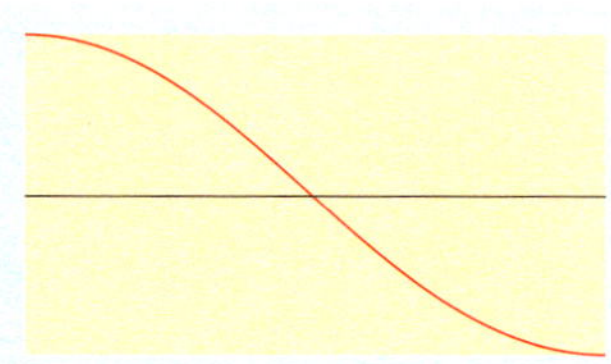

a Gib mindestens drei Bereiche an, in denen der Graph der Sinusfunktion so verläuft.
b Gib mindestens drei Bereiche an, in denen der Graph der Kosinusfunktion so verläuft.
c Der gegebene Ausschnitt wird an der schwarzen Linie gespiegelt.
Wie lassen sich deine Ergebnisse aus a) und b) schnell anpassen?

16 Beschreibe Gemeinsamkeiten und Unterschiede der Sinus- und der Kosinusfunktion.

17 Gegeben sind die Funktionen $y = \sin x$ und $y = \cos x$ im Intervall $-2\pi \leq x \leq 4\pi$.

a An welchen Stellen nehmen die Funktionen ihren kleinsten bzw. größten Wert an?

b Bestimme jeweils die Nullstellen der beiden Funktionen im angegebenen Intervall.

18 Prüfe anhand der Werte $-\frac{\pi}{2}$; $-\frac{3}{4}\pi$; $\frac{\pi}{8}$ die folgenden Aussagen:

a $\sin(-x) = -\sin x$

b $\cos(-x) = \cos x$.

19 Führe die angegebenen Werte auf Winkelgrößen im Intervall $0° \leq \alpha \leq 360°$ zurück.

a $\sin(-45°)$; $\sin(-385°)$; $\sin(-941°)$

b $\cos(-37°)$; $\cos(-580°)$; $\cos(-1256°)$

20 Bestimme Funktionsgleichungen für die abgebildeten Graphen.

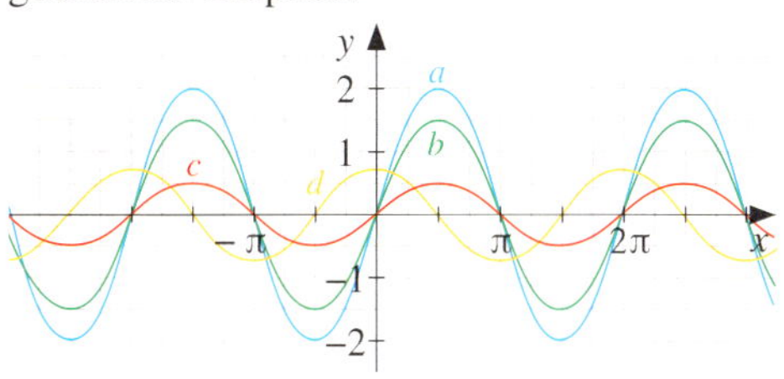

21 Zeichne Graphen der Funktionen im Bereich $0 \leq x \leq 2\pi$.
Erstelle dafür Wertetabellen.

a $y = 2{,}5 \cdot \sin x$

b $y = 0{,}8 \cdot \sin x$

c $y = 4 \cdot \cos x$

d $y = 0{,}4 \cdot \cos x$

22 Ein Riesenrad hat den Radius 8 m.
Die Achse des Rades befindet sich auf Höhe des Bodens.

Die Höhe der Gondelachsen über oder unter dem Boden lässt sich durch eine Sinusfunktion beschreiben.
Gib eine passende Funktionsgleichung an.

Schätze deine Kenntnisse und Fähigkeiten ein.

Ordne dazu deiner Lösung im Heft einen Smiley zu:

☺ Ich konnte die Aufgabe richtig lösen.

😐 Ich konnte die Aufgabe nicht komplett lösen.

☹ Ich konnte die Aufgabe nicht lösen.

› Die Lösungen findest du im Anhang.

Aufgabe	Ich kann …	Hier findest du Hinweise
1	Punkte am Einheitskreis mit Drehwinkeln beschreiben.	Seite 12
2a, 3a, 4a	am Einheitskreis Sinuswerte ablesen.	Seite 12
2b, 3b, 4c	am Einheitskreis Kosinuswerte ablesen.	Seite 13
5, 10	Sinus- und Kosinuswerte mit dem Taschenrechner berechnen.	Seite 12
6	den Zusammenhang zwischen Drehwinkel und Bogenmaß erklären.	Seite 12
7, 8, 9	Gradmaß und Bogenmaß ineinander umwandeln.	Seite 12
11, 13	Graphen der Sinusfunktion in verschiedenen Intervallen zeichnen.	Seite 12
11, 13	Graphen der Kosinusfunktion in verschiedenen Intervallen zeichnen.	Seite 13
12, 14, 15, 16, 17, 18, 19	Eigenschaften der Sinusfunktion und der Kosinusfunktion benennen.	Seite 12, 13
20, 21	Graphen der Funktionen $y = a \cdot \sin x$ und $y = a \cdot \cos x$ zeichnen und Eigenschaften der zugehörigen Funktionen benennen.	Seite 13
22	meine Kenntnisse über trigonometrische Funktionen anwenden.	Seite 13

1 Berechne das Volumen und den Oberflächeninhalt einer Kugel
a mit einem Radius von 3 cm.
b mit einem Radius von 4,8 cm.
c mit einem Durchmesser von 2 m.
d mit einem Durchmesser von 0,8 dm.

2 Ermittle die fehlenden Angaben einer Kugel.

	r	*d*	*V*	A_0
a	4 cm			
b		13 cm		
c			104 cm³	
d				85 cm²

3 Bestimme das Volumen und den Oberflächeninhalt des Mondes (Mondradius ≈ 3476 km).

4 Die Größe von Handbällen gibt man häufig durch ihren Umfang an.
Männerhandball: 59 cm
Jugendhandball: 54 cm
Wie viel Leder wird in den jeweiligen Handbällen verarbeitet, wenn man 25 % Verschnitt einrechnen muss?

5 Eine Kugel wird so in einen Würfel mit einer Kantenlänge von 4,6 cm einbeschrieben, dass sich ihre Seiten berühren.
a Zeichne ein passendes Schrägbild.
b Welchen Anteil des Volumens des Würfels nimmt die Kugel ein?
c Vergleiche die Oberflächeninhalte der beiden Körper.

6 Überprüfe an einem Zahlenbeispiel folgende Aussagen:
a Von allen Körpern mit gleichem Volumen hat die Kugel den kleinsten Oberflächeninhalt.
b Von allen Körpern mit dem gleichen Oberflächeninhalt hat die Kugel das größte Volumen.

7 In eine zylindrische Blechdosen passen genau vier Tennisbälle hintereinander. Jeder Ball hat einen Durchmesser von 7 cm.
a Wie groß ist der in der Dose verbleibende Hohlraum?
b Wie viel Prozent des Volumens ist leer?

8 Berechne das Volumen und den Oberflächeninhalt der Körper.

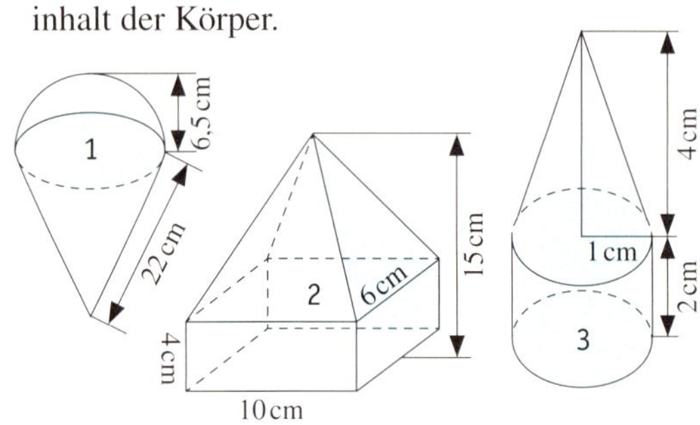

9 Berechne Volumen und Oberflächeninhalt der Körper.
a

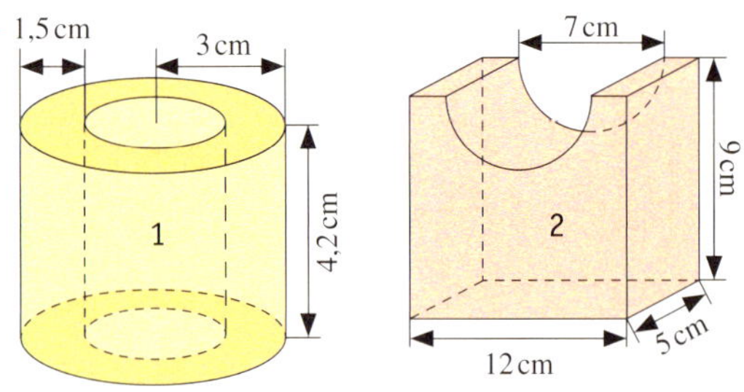

b

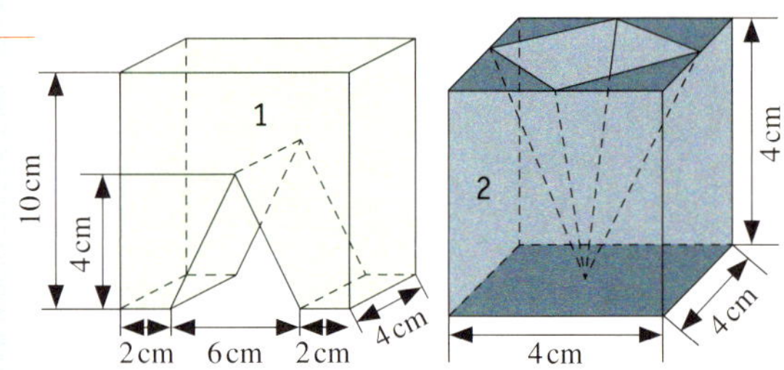

10 Ein Körper besteht aus einem Würfel und zwei gegenüberliegend aufgesetzten quadratischen Pyramiden. Alle Kanten in diesem Körper sind 10 cm lang.
a Skizziere den Körper.
b Berechne den Oberflächeninhalt.
c Bestimme die Gesamtlänge des Körpers.
d Berechne das Volumen.

11 Berechne das Volumen und den Oberflächeninhalt des Körpers.

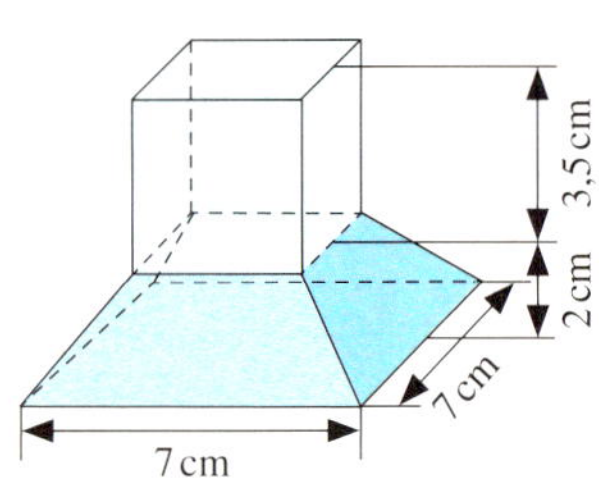

12 Beide runden Werkstücke bestehen aus dem selben Material. Welches Stück ist schwerer?

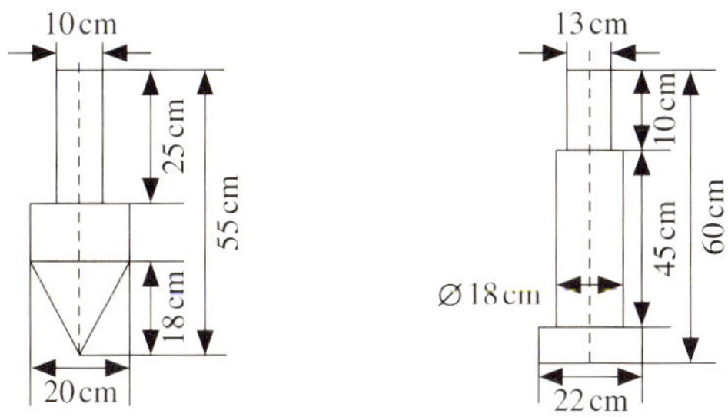

13 Wie viel m^2 Dachfläche hat das Dach?

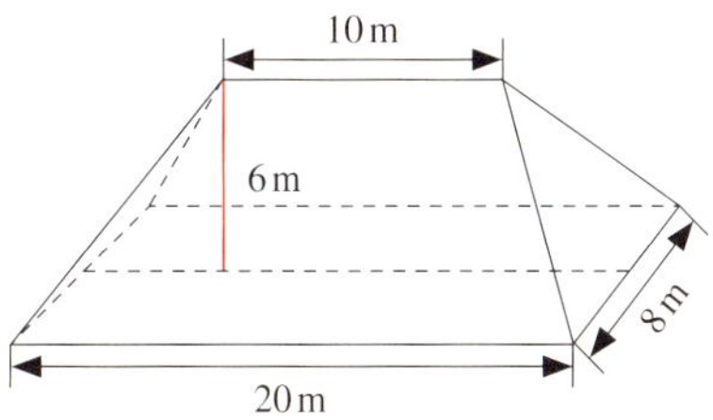

14 Ein Senkblei (Lot) hat eine Gesamtlänge von 7 cm und einen Durchmesser von 3,8 cm. Der zylindrische Teil ist 4 cm lang. Das Lot ist aus Eisen (Dichte $= 7{,}8\,\frac{g}{cm^3}$). Berechne die Masse.

15 Eine zylindrische Espressodose ist 15 cm hoch und hat einen Durchmesser von 10 cm. Espresso hat eine Dichte von etwa $0{,}5\,\frac{g}{cm^3}$.

a Wie viel Gramm Espresso passen in die Dose?

b Welche Maße könnte eine Dose haben, in die 1 kg Espresso passt?

c Innen ist die Oberfläche der Dose beschichtet. Wie viel Quadratmeter Beschichtung benötigt man für eine Palette mit 24 Dosen?

16 Verbinde die Mittelpunkte der benachbarten Seitenflächen eines Würfels mit der Kantenlänge 10 cm. Du erhältst einen Oktaeder (eine Doppelpyramide) im Würfel.

a Berechne das Volumen des Oktaeders.

b Welchen Anteil am Würfelvolumen hat der Oktaeder?

c Wovon ist dieser Anteil abhängig?

17 Der abgebildete Körper ist aus Aluminium (Dichte: $2{,}7\,\frac{g}{cm^3}$) und wiegt 772 g. Wie groß ist der Durchmesser der Bohrung, wenn die Kantenlänge des Würfels 8 cm beträgt?

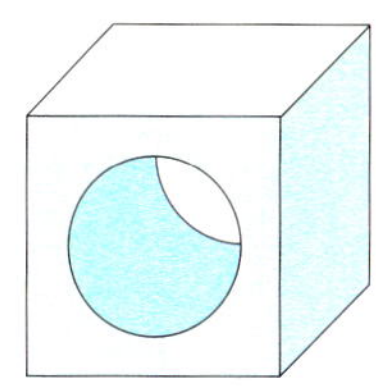

Schätze deine Kenntnisse und Fähigkeiten ein.

Ordne dazu deiner Lösung im Heft einen Smiley zu:

☺ Ich konnte die Aufgabe richtig lösen.

😐 Ich konnte die Aufgabe nicht komplett lösen.

☹ Ich konnte die Aufgabe nicht lösen.

› Die Lösungen findest du im Anhang.

Aufgabe	Ich kann …	Hier findest du Hinweise
1, 2, 3, 4, 5, 7	das Volumen und den Oberflächeninhalt von Kugeln berechnen.	Seite 14
2, 6	aus dem Volumen bzw. dem Oberflächeninhalt einer Kugel ihren Radius bzw. Durchmesser berechnen.	Seite 14
7, 13, 14, 15, 16	Sachaufgaben zu zusammengesetzten Körpern lösen.	Seite 15
8, 9, 11, 12	bei zusammengesetzten Körpern die bekannten Grundformen identifizieren.	Seite 15
8, 9, 17	bei zusammengesetzten Körpern fehlende Größen berechnen.	Seite 14, 15
8–17	die Formeln für die bekannten Körper Prisma, Pyramide, Kegel und Zylinder sicher anwenden.	Seite 14, 15
8, 9, 10d, 11, 12, 14, 16	das Volumen von zusammengesetzten Körpern berechnen.	Seite 15
8, 9, 10b, 11, 13, 16	den Oberflächeninhalt von zusammengesetzten Körpern berechnen.	Seite 15
11	das Volumen und den Oberflächeninhalt von Kegel- und von Pyramidenstümpfen berechnen.	Seite 15

1 Ausstellungsbesucher
Dienstag: 234; Mittwoch: 201; Donnerstag: 401; Freitag: 367; Samstag: 498; Sonntag: 611

a Berechne die Spannweite, den Zentralwert und das arithmetische Mittel.

b Begründe, ob man den Montag in die Berechnungen mit einbeziehen sollte oder nicht.

2 Temperaturen und Niederschlagsmengen

	Helsinki		Lagos		Douala	
	°C	$\frac{\ell}{m^2}$	°C	$\frac{\ell}{m^2}$	°C	$\frac{\ell}{m^2}$
J	–6	57	27	40	27	57
F	–7	42	28	57	27	82
M	–3	36	28	100	27	216
A	2	44	28	115	27	243
M	9	41	27	215	26	337
J	14	51	26	336	25	486
J	17	68	25	150	24	725
A	16	72	25	59	24	776
S	11	71	26	214	25	638
O	5	72	26	222	25	388
N	1	68	27	77	26	15
D	–3	66	27	41	26	52

a Berechne die mittlere Jahrestemperatur der drei Städte.

b Vergleiche die Ergebnisse aus a) miteinander und erkläre die Unterschiede.

c Berechne die mittleren monatlichen Niederschläge in den drei Städten.
Wie beurteilst du die Werte?

d Beschreibe in einigen Sätzen das Klima in den drei Städten.

3 Die größten CO_2-Produzenten

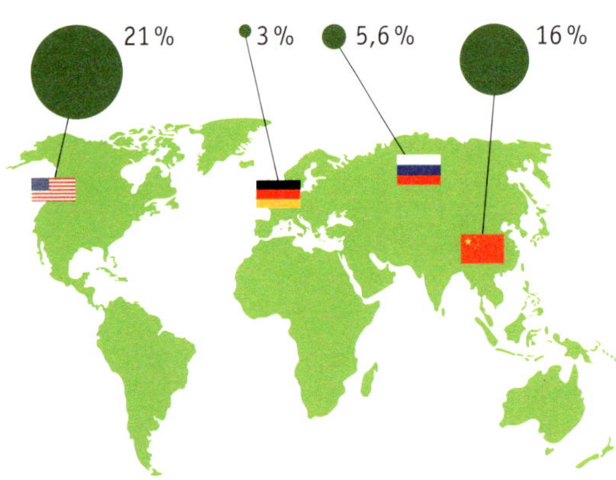

Wie beurteilst du die dargestellte Grafik?

4 E-Mails mit Viren

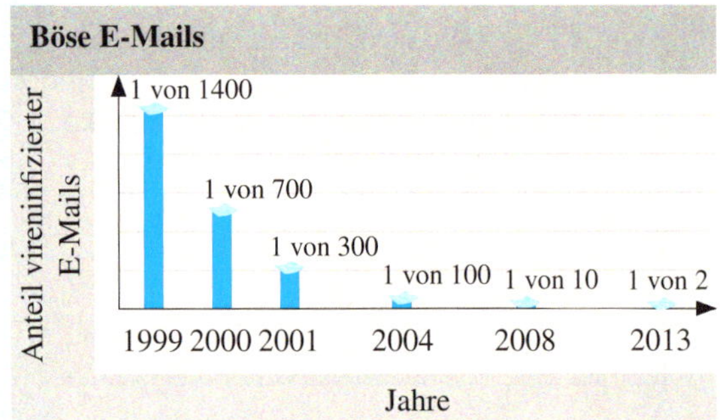

a Beschreibe den ersten Eindruck, den die Grafik bei dir hinterlässt.

b Untersuche die Zahlen genauer. Welche Entwicklung wird in der Grafik dargestellt?

c Zeichne eine Grafik, die den Sachverhalt deutlicher darstellt.

5 Jugendliche wurden gefragt, wie viele Stunden sie pro Woche fernsehen:
0; 1; 2; 2; 3; 3; 5; 6; 6; 7; 7; 8; 9; 10; 10; 10; 10; 10; 12; 12; 14; 14; 16

a Fasse die Antworten 0–2; 3–5; …; 15–17 zusammen und stelle sie grafisch dar.

b Berechne das arithmetische Mittel der zusammengefassten Daten.

c Fasse die Antworten nun anders als in a) zusammen und errechne erneut das arithmetische Mittel.
Beschreibe, was dir auffällt.

6 Die Boxplots geben die Altersverteilung eines Chors (30 Frauen und 20 Männer) an.

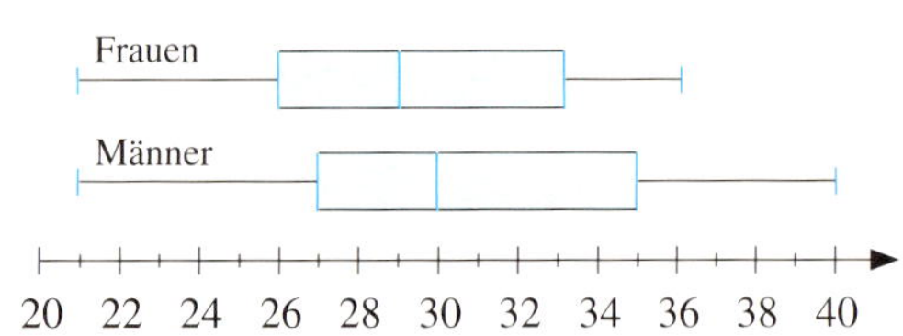

a Benenne jeweils die fünf blau eingezeichneten Werte und lies ihre Werte ab.

b Wie viele Mitglieder sind jeweils zwischen 26 und 29 Jahren alt?

c „Die Männer sind älter als die Frauen.“ „Das jüngste Mitglied ist eine Frau.“ Sind diese Aussagen wahr? Begründe deine Antwort.

d Beschreibe, wie sich die Altersverteilungen unterscheiden.

7 Bei einem Turn-Mehrkampf wurden die folgenden Punkte erreicht: 48,25; 51,20; 46,15; 41,55; 49,20; 44,05; 46,10; 50,00; 47,35; 48,75; 42;85; 50,65; 49,05

a Stelle die Daten in einem Boxplot dar.
b Bestimme das arithmetische Mittel.
c Beschreibe die Verteilung der Daten.

8 Batterien unterschiedlicher Hersteller benötigen unterschiedlich lange bis zur Entladung.

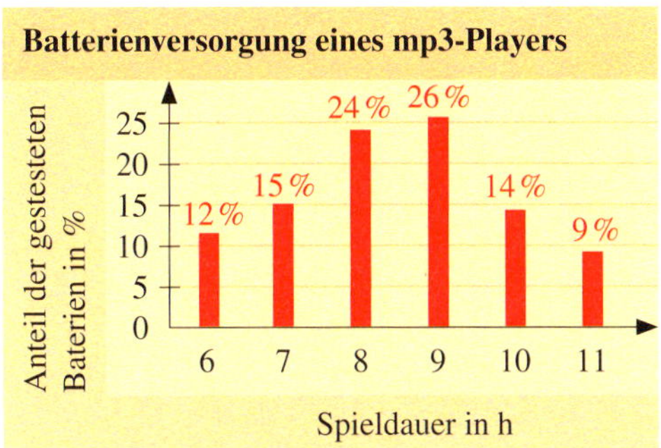

a Bestimme den Modalwert.
b Berechne das arithmetisches Mittel und die mittlere Abweichung.
c Beschreibe mit deinen eigenen Worten, was die mittlere Abweichung misst. Interpretiere deinen Wert aus b).

9 Schuhgrößen zweier Volleyballteams:
Team 1: 37; 39; 40; 42; 43; 45
Team 2: 39; 39; 41; 42; 42; 43

a Stelle die beiden Verteilung grafisch dar.
b Berechne jeweils die mittlere Abweichung.
c Berechne Varianz und Standardabweichung.
d Vergleiche die Werte der Teams miteinander.

10 Berechne arithmetisches Mittel, mittlere Abweichung und Standardabweichung der beiden Datenreihen 1; 1; 3; 3 und 0; 2; 2; 4. Welches Streumaß ist aussagekräftiger?

11 Wahlbeteiligung bei den Bundestagswahlen.

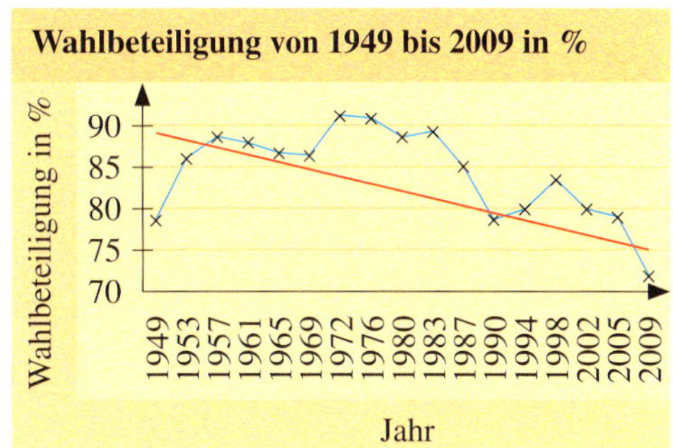

a Beschreibe die Entwicklung.
b Welche Bedeutung hat die rote Gerade?

Schätze deine Kenntnisse und Fähigkeiten ein.

Ordne dazu deiner Lösung im Heft einen Smiley zu:
☺ Ich konnte die Aufgabe richtig lösen.
😐 Ich konnte die Aufgabe nicht komplett lösen.
☹ Ich konnte die Aufgabe nicht lösen.

› Die Lösungen findest du im Anhang.

Aufgabe	Ich kann …	Hier findest du Hinweise
1, 2, 5, 7, 8, 9, 10	das arithmetische Mittel einer Datenmenge berechnen.	Seite 19
1, 7	den Zentralwert einer Datenmenge bestimmen.	Seite 19
1	die Spannweite einer Datenmenge bestimmen.	Seite 19
3, 4	erkennen, ob eine Grafik manipuliert ist.	Seite 19
4, 5	Daten in Diagramm veranschaulichen.	Seite 19, 24
6, 7	Boxplots zeichnen und interpretieren.	Seite 19
8	den Modalwert einer Datenmenge bestimmen.	Seite 19
8, 9, 10	die mittlere Abweichung einer Datenmenge berechnen.	Seite 20
9, 10	die Varianz und die Standardabweichung berechnen.	Seite 20
9, 10	Streumaße interpretieren.	Seite 20

Prüfungsvorbereitung

Vorbereitung auf die Abschlussprüfung

1. Überblick verschaffen

Erstelle eine Übersicht, z. B. in der Form einer Mind-Map wie unten abgebildet.

- Über welches Basiswissen aus den Schuljahren 5–8 sollte ich verfügen?
- Welche Themen der Jahrgangsstufen 9 und 10 werden in der Prüfung behandelt?
- Über welche allgemeinen mathematischen Kompetenzen sollte ich verfügen?

2. Unterlagen und Hilfsmittel überprüfen

Hierbei helfen dir die Prüfungsvorgaben der vorangegangenen Jahre.

3. Selbsteinschätzung eigener Fähigkeiten

Mithilfe von Selbsteinschätzungsbögen kannst du dir einen Überblick über deinen jetzigen Leistungsstand verschaffen. Geeignete Selbsteinschätzungsbögen findest du auf der CD-ROM.
Im Anschluss daran solltest du eine Prioritätenliste erstellen: Was sollte ich zuerst lernen?

4. Zeitplanung erstellen

Überprüfe wie viel Zeit dir bis zu den Prüfungen bleibt und lege dann die jeweilige Zeitdauer zur Vorbereitung der einzelnen Teilbereiche fest. Halte diese in einem Zeitraster fest.

5. Üben und Lernen

Übungen zum Basiswissen aus den Schuljahren 5–8 findest du auf den Seiten 227–229.
Übungen zum Basiswissen aus dem 9. Schuljahr findest du auf den Seiten zum „Vorwissen" (S. 218–225)
Die „Teste-Dich-Seiten" aus diesem Lehrwerk decken das Basiswissen für die Themengebiete aus dem 10. Schuljahr ab.
Übungen zu den Aufgabentypen, wie sie im zweiten Teil der Prüfung bzw. bei den Wahlaufgaben verlangt werden, findest du auf den Seiten 230–235.

6. Lernplan immer wieder überprüfen und aktualisieren

Du solltest in regelmäßigen Abständen immer wieder überprüfen, ob du dich noch in deinem Zeitplan befindest und ihn gegebenenfalls überarbeiten.

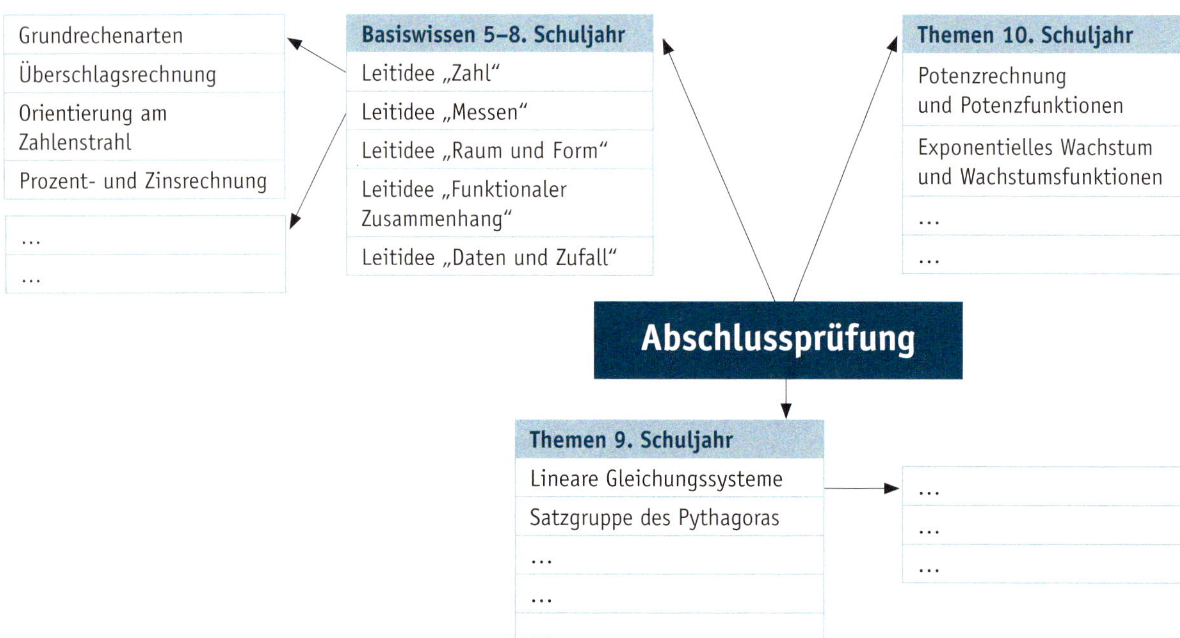

Übungen zum Basiswissen

Berechne alle Aufgaben ohne Taschenrechner und Formelsammlung.

Leitidee „Zahl"

1 Berechne die Aufgaben und kontrolliere deine Ergebnisse durch Überschlag.

a) $3{,}2 \cdot 4{,}5$ **b)** $0{,}2 \cdot 9{,}9$
c) $6{,}6 \cdot 3{,}32$ **d)** $12{,}3 \cdot 4{,}56$
e) $47{,}6 : 8$ **f)** $26{,}22 : 12$
g) $100{,}44 : 15$ **h)** $0{,}617 : 5$

2 Berechne die Aufgaben.

a) $6 + (-24) : (-3)$
b) $7 \cdot (4 + (-6))$
c) $24 \cdot (-11) + (-9) \cdot (-8)$
d) $(-200{,}2) : 15{,}4$
e) $345{,}72 : (-20{,}1)$
f) $(-0{,}001) \cdot (-4{,}3) + 0{,}4 \cdot (-0{,}4)$
g) $25 : (-7) + 3 : (-7)$
h) $(-150) : 8 + 6 : 8$

3 Berechne und kürze so weit wie möglich.

a) $\frac{3}{7} + \frac{2}{5}$ **b)** $\frac{8}{9} - \frac{5}{6}$ **c)** $1\frac{1}{3} + \frac{1}{4}$
d) $\left(\frac{5}{8} - \frac{1}{4}\right) + \frac{2}{3}$ **e)** $4\frac{5}{9} - \frac{5}{6}$ **f)** $5\frac{7}{8} - 2\frac{1}{4}$

4 Kürze, wenn möglich, bereits vor dem Ausrechnen.

a) $\frac{3}{7} \cdot \frac{4}{15}$ **b)** $\frac{1}{2} \cdot \frac{12}{21} \cdot \frac{3}{4}$ **c)** $2\frac{1}{8} \cdot 6$
d) $\frac{10}{15} \cdot \left(\frac{7}{9} - \frac{1}{6}\right)$ **e)** $\frac{9}{20} : 3$ **f)** $30 : \frac{5}{8}$
g) $\frac{5}{16} : \frac{3}{4}$ **h)** $\frac{8}{9} : \frac{2}{81}$ **i)** $2\frac{7}{10} : \frac{3}{4}$
j) $3\frac{4}{15} : 1\frac{1}{3}$ **k)** $\frac{32}{75} : 3\frac{1}{5}$ **l)** $6 \cdot \left(\frac{3}{4} - \frac{1}{3}\right) : 4$

5 Gegeben sind die beiden Brüche $\frac{10}{11}$ und $\frac{8}{9}$.

a) Multipliziere die Summe der beiden Zahlen mit ihrer Differenz.
b) Welche der beiden Zahlen liegt näher an 1? Begründe deine Antwort.

6 Schreibe als Dezimalzahl.

a) $\frac{2}{5}$ **b)** $\frac{1}{3}$ **c)** $\frac{7}{9}$
d) $\frac{7}{20}$ **e)** $\frac{15}{60}$ **f)** $\frac{3}{7}$

7 Ordne der Größe nach.

a) $2{,}002$; $2{,}0\overline{2}$; $2{,}00\overline{2}$
b) $5{,}\overline{19}$; $5{,}\overline{20}$; $5{,}1\overline{9}$; $5{,}2$
c) $0{,}01$; $0{,}01\overline{1}$; $0{,}0\overline{1}$; $0{,}0\overline{10}$

8 Zeichne den Zahlenstrahl in dein Heft und markiere die angegebenen Brüche.

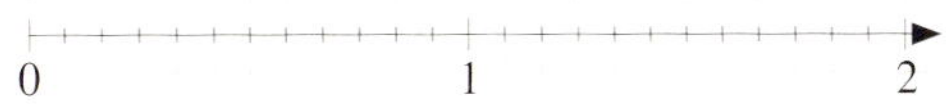

a) $\frac{1}{3}$ **b)** $\frac{1}{2}$ **c)** $\frac{1}{6}$ **d)** $\frac{1}{4}$ **e)** $\frac{3}{4}$
f) $\frac{7}{6}$ **g)** $\frac{24}{12}$ **h)** $1\frac{1}{2}$ **i)** $1\frac{5}{6}$ **j)** $1\frac{4}{6}$

9 Gib jeweils den Anteil der rot gefärbten Fläche in Bruchschreibweise und Prozentschreibweise an.

a)
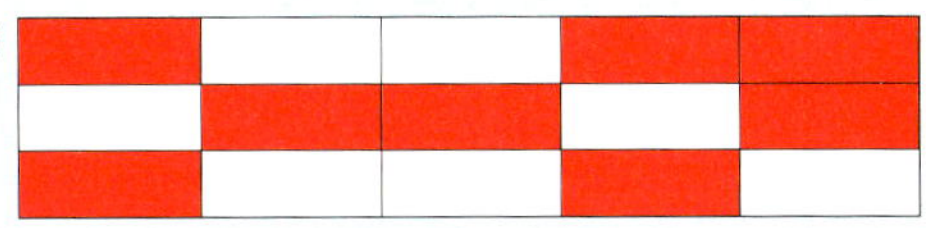

b)
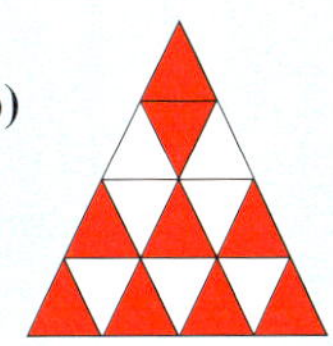

c)
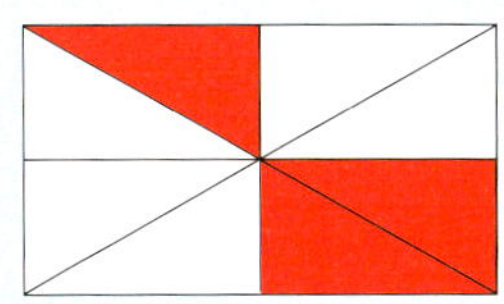

10 Berechne die fehlenden Werte im Heft.

	Grundwert	Prozentsatz	Prozentwert
a)	783	15 %	
b)		62 %	654,1
c)	160		32
d)	1568	9,5 %	
e)		32 %	142,40
f)		12,5 %	345,67
g)	98		63,7
h)	123		55,35

11 Leonie leiht sich bei einer Freundin 40 € für einen Monat. Diese verlangt 2 € Zinsen.
Wie hoch ist der Zinssatz, den die Freundin verlangt? Was hältst du davon?

12 Frau Müller legt 2500 € für drei Jahre zu einem Zinssatz von 3 % an.
Wie hoch ist das Kapital nach drei Jahren, wenn sie die Zinsen jedes Jahr mitverzinsen lässt?

Leitideen „Messen“ und „Raum und Form“

13 Rechne in die angegebene Einheit um.

a) in m: 35 cm; 56 dm; 0,45 km; 2340 mm; 1,3 km; 4,09 km; 539 cm; 3 dm

b) in m^2: 1090 cm^2; 10 098 700 mm^2; 23 a; 0,45 ha; 1,2345 km^2; 9090 dm^2; 0,401 a; 389 cm^2

c) in ℓ: 4455 mℓ; 3020 cm^3; 12 dm^3; 0,12 m^3; 23907 dm^3; 123 000 cm^3; 659 010 000 mm^3

d) in h: 5400 s; 7200 s; 360 s; 40 min; 10 min; 90 min; 3,5 d; 5 d; 1 Woche

14 Ein ICE fährt von Frankfurt nach Köln. Er fährt in Frankfurt um 17.47 Uhr ab und erreicht nach 1 h 23 min den Hauptbahnhof in Köln.
Wann kommt der Zug am Kölner Hauptbahnhof an?

15 Berechne den Umfang und den Flächeninhalt der Figuren. Beachte dabei den Maßstab.
Erläutere, wie du vorgegangen bist.

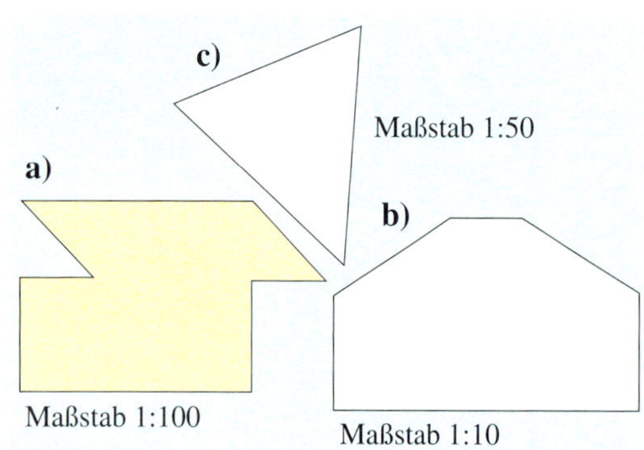

16 Bestimme die Größe aller fehlenden Winkel ohne zu messen.

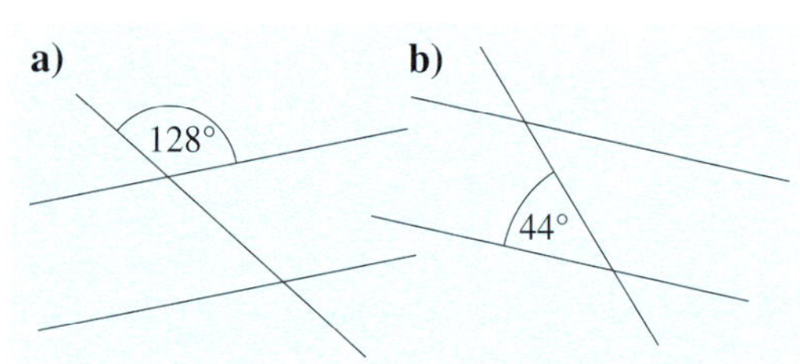

17 Konstruiere die Figuren mit den angegebenen Maßen.

a) Parallelogramm *ABCD*: $a = 3{,}5$ cm; $b = 2{,}8$ cm und $\alpha = 43°$

b) Dreieck *ABC*: $a = 3$ cm; $b = 2{,}4$ cm; $c = 4{,}8$ cm

c) Raute *ABCD*: $a = 3{,}6$ cm; $\alpha = 105°$

18 Welches Netz gehört zu welchem Körper? Benenne die Körper.

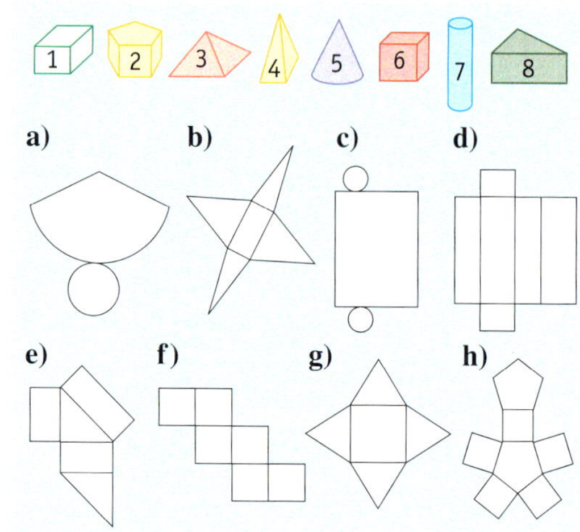

19 Übertrage die Würfelnetze ins Heft.
Zeichne die fehlenden Augenzahlen so ein, dass die Augensumme einander gegenüberliegender Seiten sieben ergibt.

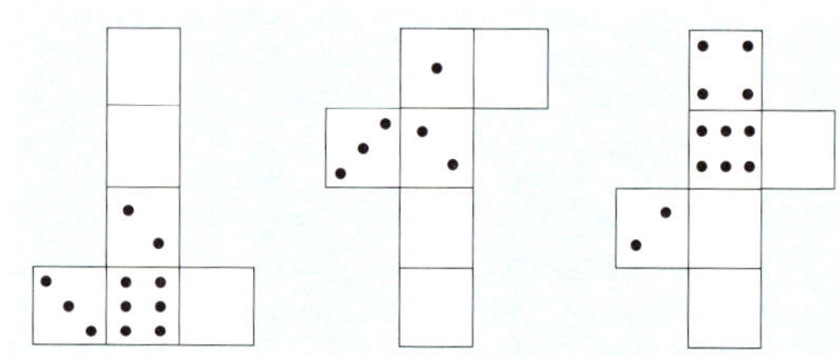

20 Berechne die fehlenden Größen der Würfel bzw. Quader.

a) *Würfel*: $a = 4$ cm; $A_O = ?$; $V = ?$

b) *Würfel*: $A_O = 24\,cm^2$; $a = ?$; $V = ?$

c) *Quader*: $a = 2$ cm; $b = 3$ cm; $c = 4$ cm; $A_O = ?$; $V = ?$

21 Berechne die fehlenden Größen der Prismen im Heft.

	a)	b)	c)	d)
u	16 cm	7 dm		3 dm
h	20 cm		2,2 m	
A_G	16 cm^2	3,4 dm^2		
A_M		49 dm^2	41,8 m^2	36 dm^2
A_O			65,4 m^2	
V				24 ℓ

Leitideen „Funktionaler Zusammenhang“ und „Daten und Zufall“

22 Stelle jeweils eine Regel auf und bestimme die nächsten fünf Folgenglieder.

a) 4; 8; 24; 96; ...
b) 30; 10; 18; 6; ...
c) $\frac{3}{40}$; $\frac{3}{8}$; $1\frac{7}{8}$; ...
d) 1; 3; 2; 5; ...
e) 3; 6; 2; ...

23 Familie Schneider unternimmt eine Wanderung.

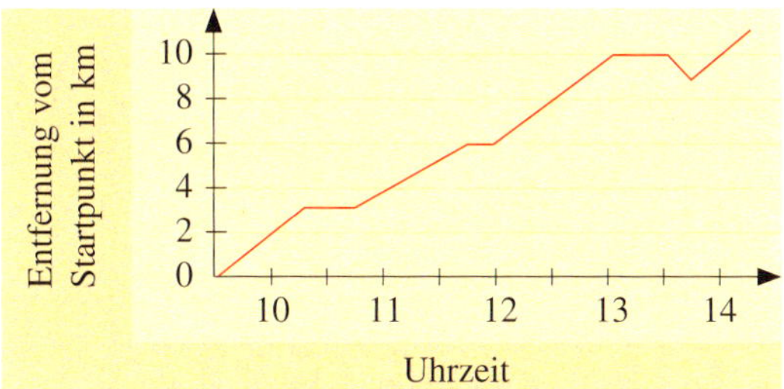

a) Welche Informationen kannst du dem Graphen entnehmen?
b) Nach einer Stunde läuft ein Freund des Sohnes der Familie hinterher. Er läuft gleichmäßig 4 km in der Stunde.
Wann holt er Familie Schneider ein?

24 Deutschland, ein Auswanderungsland?

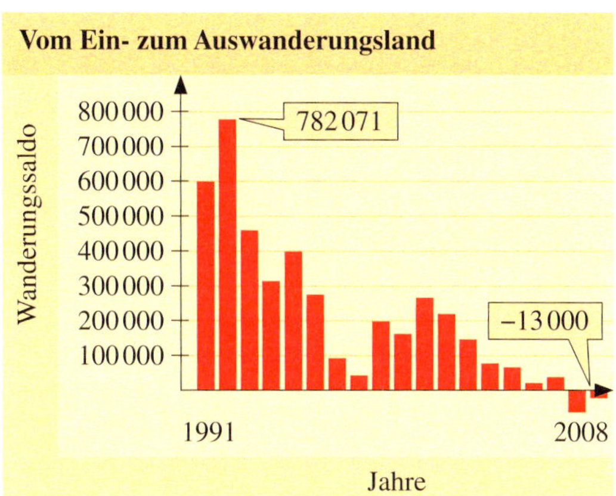

a) Welche Informationen kannst du der Grafik entnehmen?
b) Im Jahr 2000 wanderten noch 800 000 Menschen ein, im Jahr 2009 waren es nur noch 721 000.
Wie viele Menschen wanderten in den Jahren 2000 und 2009 aus Deutschland aus?

25 Eine Tippgemeinschaft, die aus neun Mitgliedern besteht, gewinnt 137 142 €.

a) Wie viel € erhält jedes Mitglied?
b) Wie verändert sich der Gewinn pro Person, wenn die Tippgemeinschaft nur aus sechs Mitgliedern bestehen würde?

26 Ein Waschmittel wird in unterschiedlichen Größen angeboten. Herr Charwat möchte sich für das günstigste Produkt entscheiden. Welche Größe sollte er einkaufen?

1 ℓ: 3,19 € | 1,5 ℓ: 4,15 € | 3 ℓ: 8,49 €

27 Welche der folgenden Terme sind äquivalent?

$3b + 4b$ | $8x^2$ | $-2y + 4$ | $14xy$ | $7x + 2y$ | $2y - 4$ | $7b$ | $2x \cdot 4x$

28 Übertrage die Tabelle ins Heft und berechne die Werte der Terme.

Term \ x	-4	$-2{,}5$	$-1{,}2$	0	$\frac{1}{4}$	$1\frac{1}{2}$
$3x - 1{,}2$						
$2x^2 + 1$						
$-\frac{3}{4} + \frac{1}{2}x$						

29 Aus einem Stück Draht mit der Länge 114 cm soll ein Kantenmodell eines Würfels hergestellt werden.

a) Welche Kantenlänge hat der Würfel?
b) Wie verändert sich die Kantenlänge, wenn die Drahtlänge halbiert (geviertelt; verdoppelt) wird?

30 Löse die folgenden Gleichungen.

a) $4a + 12 + 2a = 3a - 3$
b) $8x + 84 = 140$
c) $6x - 5 - 3x = 35$
d) $11x + 13 - 9x = -x + 16$

31 An der Fußball-WM nehmen 32 Nationen teil, die in acht Spielgruppen aufgeteilt werden. Dabei wird pro Gruppe eine Mannschaft festgesetzt und die anderen zufällig zugelost.

a) Wie viele verschiedene Gruppenzusammensetzungen sind möglich?
b) Jede Mannschaft innerhalb einer Gruppe spielt einmal gegeneinander.
Wie viele Spiele gibt es insgesamt pro Gruppe?

Wahlaufgaben

Trigonometrische Berechnungen

1 Ein Wanderer A befindet sich 160 m über einem Bergsee. Er sieht den Gipfel G eines Berges unter dem 38° großen Höhenwinkel α und das Spiegelbild G des Gipfels im See unter einem 41° großen Tiefenwinkel β.
Wie hoch liegt der Gipfel über dem See?

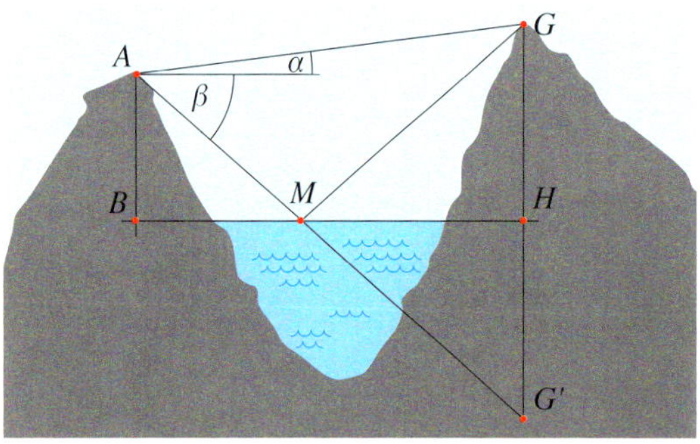

2 Der Dachgiebel eines Hauses hat die in der Skizze gegebenen Maße. Wie viel Quadratmeter Holz sind zur Verkleidung mindestens nötig, wenn von 14 % Verschnitt ausgegangen wird?

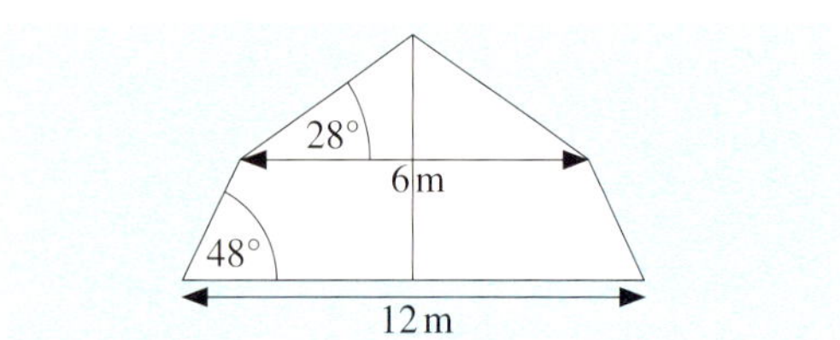

3 Über den Dachfirst eines Wohnhauses kann genau die Spitze des Rathausturms anvisiert werden.
Wie hoch ist das Rathaus?

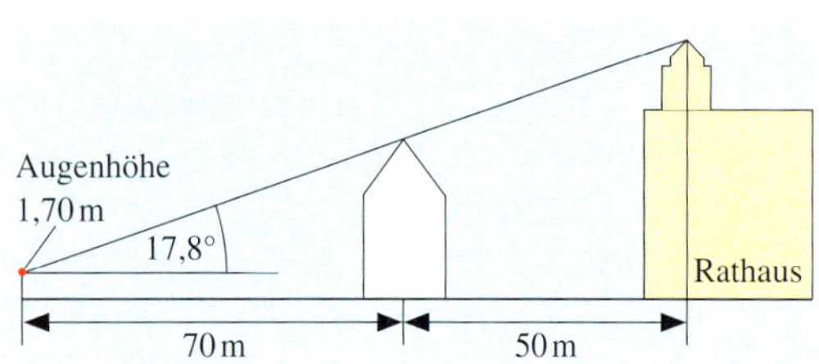

4 Ein Sportflugzeug hat eine Geschwindigkeit von $396\,\frac{\text{km}}{\text{h}}$. Der Wind weht mit der Geschwindigkeit $20\,\frac{\text{m}}{\text{s}}$ aus Südost.
Welchen Kurs muss das Flugzeug steuern, wenn es exakt nach Osten will? Tipp: Fertige eine Skizze an.

Geometrie/Berechnungen an Körpern und ebenen Figuren

5 Ein rechteckiger Sportplatz $ABCD$ hat die Maße $\overline{AC} = 135$ m und $\overline{BC} = 75$ m.
Berechne den Flächeninhalt des Sportplatzes.
Der Platz soll eingezäunt werden.
Dafür sollen alle fünf Meter Zaunpfeiler gesetzt werden.
Wie viele Zaunpfeiler werden benötigt?

6

a) Die Pyramide hat eine quadratische Grundfläche mit $a = 35$ cm. Die Höhe beträgt 30 cm.
Berechne den Oberflächeninhalt und das Volumen der Pyramide.

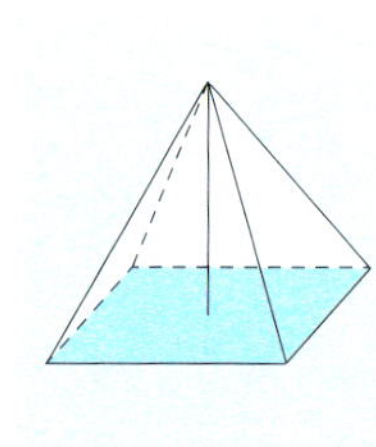

b) Eine Konservendose hat die in der Zeichnung angegebenen Maße.
Wie groß ist das Fassungsvermögen?
Wie viel Quadratmeter Weißblech sind für die Herstellung von 1000 Konservendosen nötig?

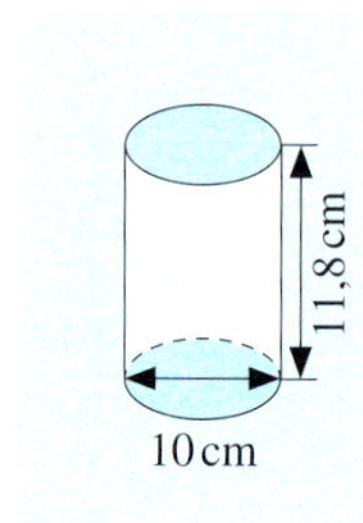

7 Ein pyramidenförmiges Turmdach mit quadratischem Grundriss soll mit Kupferplatten gedeckt werden. Die Grundkante ist 4,8 m lang, die Höhe der Seitendreiecke beträgt 3,6 m.
Wie viel Quadratmeter Kupfer sind erforderlich, wenn für den Verschnitt 4 % einzurechnen sind?
Die Kupferplatten haben eine Dicke von 1,3 cm.
Wie schwer ist das Dach, wenn die Dichte $\varrho = 8{,}96\,\frac{\text{g}}{\text{cm}^3}$ beträgt?

8 Kegelförmig aufgeschütteter feiner Sand ($d = 10$ m, $h = 1{,}98$ m) soll zu einer Baustelle transportiert werden. Ein Lastkraftwagen mit einer Ladefläche von 3,50 m Länge und 2 m Breite kann Sand bis 50 cm Höhe laden.
Wie oft muss der Lkw fahren?

9 Der kleinste Planet unseres Sonnensystems ist der Merkur ($d = 4800$ km), der größte ist der Jupiter mit einem Durchmesser von 143 600 km.
Wie viel mal würde der Merkur in den Jupiter passen?

10 Berechne das Volumen und den Oberflächeninhalt der zusammengesetzten Körper.

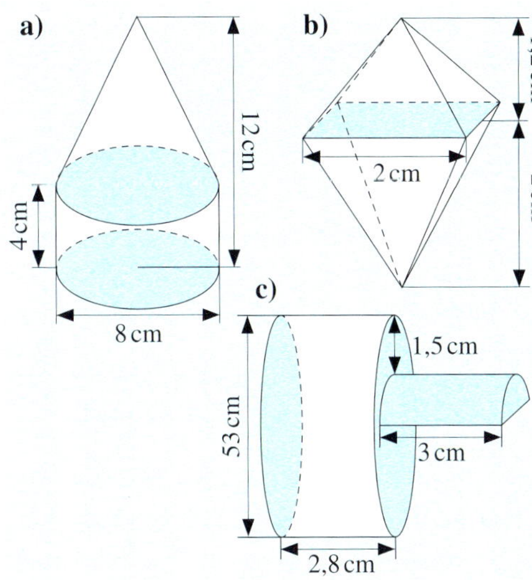

Lineare Gleichungssysteme

11 Nutze zum Lösen der Gleichungssysteme das Verfahren, welches dir am günstigsten erscheint.

a) I $y=x$
II $x+y=60$

b) I $4x+4y=32$
II $-4x-6y=72$

c) I $6x+3y=12$
II $3y=9x+2$

d) I $3x-2=y$
II $x=y-2$

e) I $10x+8y=248$
II $8x+10y=272$

f) I $y=-\frac{2}{3}x-5$
II $y=-\frac{1}{2}x+2$

g) I $4(x+3)=3(y+4)$
II $5(x+5)=4(y+5)$

h) I $\frac{4x+7}{5}=\frac{5y+1}{2}$
II $\frac{3x+10}{8}=\frac{5y+1}{3}$

12 Zahlenrätsel

a) Die Summe zweier Zahlen hat den Wert 50, ihre Differenz den Wert 14.

b) Addiert man 6 zum Vierfachen einer Zahl, so erhält man das Dreifache einer zweiten Zahl vermindert um 5. Das Doppelte der ersten Zahl ist der Vorgänger der zweiten Zahl.

c) Addiert man zum Dreifachen einer Zahl das Vierfache einer zweiten Zahl, so erhält man -21. Zieht man vom Doppelten der ersten Zahl das Vierfache der zweiten ab, so erhält man 10.

d) Die Quersumme einer zweistelligen Zahl beträgt 12. Ihre Zehnerziffer ist halb so groß, wie ihre Einerziffer.

13 Bewegungsaufgaben

a) Jochen und Tabea, die 24 km voneinander entfernt wohnen, fahren sich mit ihren Fahrrädern entgegen. Jochen startet eine Viertelstunde vor Tabea und fährt mit einer Durchschnittsgeschwindigkeit von $16\,\frac{\text{km}}{\text{h}}$. Tabea fährt mit einer Durchschnittsgeschwindigkeit von $20\,\frac{\text{km}}{\text{h}}$.
Wann treffen sie sich?

b) Ein Frachtschiff fährt mit einer durchschnittlichen Geschwindigkeit von 10 Knoten ($1\text{ Knoten} = 1\,\frac{\text{Seemeile}}{\text{h}}$). Ein Schnellboot, das $1\frac{1}{4}$ Stunden später startet, fährt mit einer Geschwindigkeit von 35 Knoten.
Wann holt es das Frachtschiff ein?

c) Ein Jumbo-Jet startet in London, ein Air-Bus startet zum selben Zeitpunkt im 6250 km entfernten New York. Sie fliegen dieselbe Route in entgegengesetzter Richtung.
Wann und wo begegnen sie sich, wenn der Jumbo-Jet durchschnittlich $950\,\frac{\text{km}}{\text{h}}$, der Airbus $1150\,\frac{\text{km}}{\text{h}}$ zurücklegt?

Quadratische Gleichungen und quadratische Funktionen

14 Löse die folgenden Gleichungen.

a) $36+15x^2-51x=0$

b) $\frac{1}{2}x^2+8x+10=0$

c) $4x^2-28x+60=0$

d) $(x-2)(x+3)-2(x-1)^2=2(2-x)$

e) $(x-1)^2-(x-3)\cdot(4x+4)=15-x$

f) $(x+3)(x-3)+(x+8)^2=x(x+2)+7$

g) $\frac{x^2-3x}{4}+1{,}5=3-2x$

15 Das Produkt zweier aufeinanderfolgender Zahlen ist 6972.
Wie heißen die beiden Zahlen?

16 Die Seitenlängen einer rechteckigen Fläche unterscheiden sich um 11 cm.
Der Flächeninhalt beträgt $453{,}75\text{ cm}^2$.
Welchen Umfang hat die Fläche?

17 Eine Parabel hat die Funktionsgleichung $y=x^2-14x+52$.
Liegt der Punkt $A(3;19)$ auf der Parabel?
Wandle die Funktionsgleichung in die Scheitelpunktform um und gib die Koordinaten des Scheitelpunktes an.
Gib die Schnittpunkte mit der x- und y-Achse an.

18 Leonie stößt bei den Bundesjugendspielen die Kugel auf einer Flugbahn, die mit folgender Gleichung beschrieben werden kann:
$f(x) = -0{,}2x^2 + 1{,}2x + 1{,}7$
Zeichne den Graphen der Funktion für den Bereich der Flugbahn (1 cm ≙ 1 m).
Wann hat die Kugel ihren höchsten Punkt erreicht?
Nach wie vielen Metern trifft die Kugel auf?
Warum kann die Flugbahn nicht mit der Gleichung $g(x) = 0{,}2x^2 + 1{,}2 + 1{,}7$ beschrieben werden?

19 Der Wasserstrahl eines Brunnens beschreibt etwa eine Parabel mit der Funktionsgleichung $f(x) = -0{,}3x^2 + 2$.
Wie weit muss der Wasserbeckenrand mindestens von der Rohröffnung entfernt sein, damit kein Wasser überläuft?

20 Die New River Gorge Bridge ist die höchste Autobrücke Amerikas. Ihr Bogen lässt sich mit der Funktionsgleichung $f(x) = -0{,}001\,81 \cdot x^2 + 121{,}41$ beschreiben.
Welche Höhe hat der Bogen der Brücke?
Berechne die Spannweite des Bogens.

Wachstumsprozesse

21 Entscheide jeweils, um welche Form von Wachstum es sich handelt. Gib auch eine passende Funktionsgleichung an.
a) Aleyna erhält pro Monat 25 € Taschengeld. Jedes Jahr soll sich der Betrag um 5 € erhöhen.
b) Ein Computer kostet 1100 €. Er verliert jährlich 40 % seines Wertes.
c) In einem See verdoppeln sich die Algen wöchentlich.
d) In einem Öltank befinden sich 400 ℓ Öl. Es werden pro Minute 80 ℓ hinzugefüllt.
e) Eine 15 cm hohe Kerze brennt stündlich um 1,5 cm ab.
f) Ein Guthaben wird vier Jahre zu einem Zinssatz von 3,25 % verzinst.

22 Ein Kapital von 7000 € wird mit einem festen Zinssatz von 4 % jährlich verzinst.
a) Wie groß ist der Wachstumsfaktor (Zinsfaktor) des Kapitals von einem Jahr zum nächsten?
b) Auf wie viel Euro wächst das Kapital nach Ablauf von 6 Jahren mit Zinsen und Zinseszinsen?
c) Nach wie vielen Jahren hat sich das Kapital verdoppelt?

23 Frau Schmitz muss eine Rechnung von 4985 € bezahlen.
Bei Barzahlung können 2 % Skonto abgezogen werden.
Nun überlegt sie, ob sie ihr Girokonto für 25 Tage um 1550 € bei jährlichen Überziehungszinsen von 11,9 % überziehen soll.
Was würdest du ihr raten?
Begründe deine Antwort.

24 Die Papierformate nach DIN entstehen durch fortlaufendes Halbieren, so ergibt ein Blatt DIN-A3 beim Halbieren zwei Blätter DIN-A4.
Ein Blatt der Größe DIN-A0 hat einen Flächeninhalt von 1 m².
Gib eine passende Funktionsgleichung an und berechne die Flächeninhalte für die Größen DIN-A2 bis DIN-A6.

25 Um sich vor der gesundheitsschädlichen Gammastrahlung radioaktiver Stoffe zu schützen, werden diese in Behältern mit absorbierendem Material gelagert. So verringert beispielsweise eine 11 mm dicke Bleischicht die Intensität der Gammastrahlung um die Hälfte. Dieses Verhältnis kann mithilfe der Funktionsgleichung $f(x) = a^{-x}$ dargestellt werden.
Ermittle den Wert für a.
Auf welchen Bruchteil wird die Strahlung vermindert, wenn die Bleiplatte 30 mm dick ist?
Wie dick muss die Bleiplatte sein, damit die Strahlung auf ein Tausendstel minimiert wird?

Beschreibende Statistik

26 Eine Datenreihe besteht aus folgenden Werten:
2, 5, 1, 9, 2, 4, 4, 7, 2, 3
Bestimme den Modalwert, den Median sowie das arithmetische Mittel.
Gib die Spannweite und die Standardabweichung für diese Datenreihe an.

27 Täglich veröffentlichen TV-Sender die Einschaltquoten der Fernsehsendungen des Vorabends. Diese Daten werden repräsentativ in 5640 Haushalten mit rund 13 000 Personen über 3 Jahren erhoben. Sie stehen für die insgesamt 72,2 Millionen Personen über 3 Jahren in Deutschland.
Berechne für die einzelnen Sendungen die Gesamtzahl aller Zuschauer in Deutschland.
Wie viele Zuschauer der Testhaushalte sahen sich die einzelnen Sendungen an?

Das Erste: Top 10 Samstag, 30. Oktober 2010

Platz	Sendung	Einschaltquote
1	Tagesschau (20 Uhr)	9,75
2	Wolfsfährte	8,20
3	Sportschau Fußball	7,94
4	Boxen im Ersten	6,40
5	Sportschau	4,64
6	Ziehung der Lottozahlen	4,25
7	Boxen im Ersten (Studio)	3,37
8	Tagesthemen	3,09
9	Das Wetter im Ersten	2,73
10	Tagesschau (17 Uhr)	2,70

28 Was hältst du von diesen Darstellungen? Zeichne jeweils eine angemessene Grafik.

a)
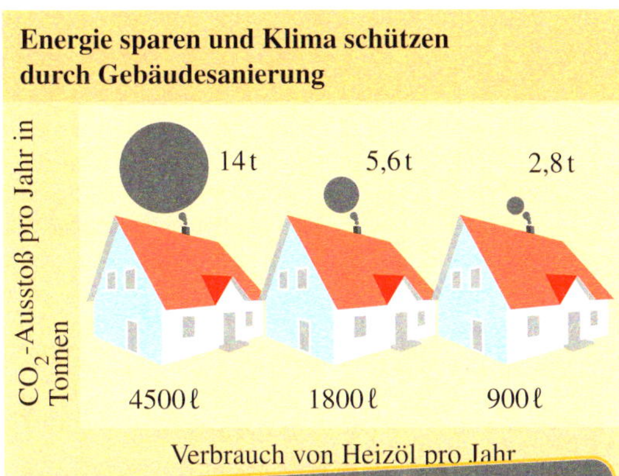

b)
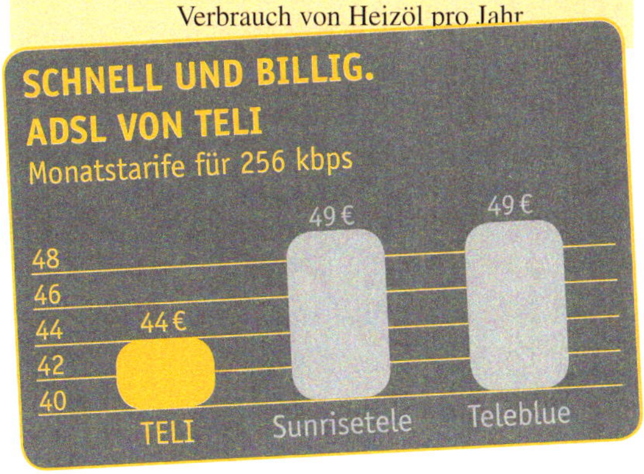

Wahrscheinlichkeitsrechnung

29 Gib für die folgenden Ereignisse die Wahrscheinlichkeiten in Prozent an.
Nenne Ereignisse (wenn es möglich ist), die gleich wahrscheinlich sind.

a) Mit dem Würfel eine ungerade Zahl würfeln.
b) Mit zwei Münzen genau zwei Wappen werfen.
c) Aus einem Skatspiel eine Sieben ziehen.
d) Mit drei Münzen genau drei Wappen werfen.
e) Von vier Streichhölzern das einzige kurze ziehen.
f) Mit dem Würfel eine durch zwei teilbare Zahl werfen.
g) Von 120 Losen einen der 15 Gewinne ziehen.
h) Beim Roulette eine der Zahlen 4, 5, 7 oder 8 treffen.

30 Die Wahrscheinlichkeit für das Ziehen einer roten Kugel beträgt $\frac{1}{6}$, einer weißen $\frac{2}{9}$, einer gelben $\frac{1}{3}$ und einer blauen $\frac{5}{18}$.
Wie viele Kugeln jeder Farbe können sich in der Urne befinden?
Gib ein Beispiel an.

31 In einem Gefäß befinden sich 30 Kugeln. Es wird 500-mal mit Zurücklegen gezogen. Dabei wurde 234-mal rot, 78-mal weiß, 127-mal gelb und 61-mal grün gezogen.
Wie viele Kugeln der jeweiligen Farbe befinden sich wohl in dem Gefäß?
Beschreibe, wie du zu deiner Vermutung gelangst.

32 In einer Urne befinden sich sechs weiße und fünf gelbe Kugeln.

a) Zeichne ein geeignetes Baumdiagramm für einen dreistufigen Zufallsversuch mit Zurücklegen. Berechne anschließend die Wahrscheinlichkeit dafür, dreimal eine weiße Kugel zu ziehen.
Berechne die Wahrscheinlichkeit dafür, zwei gelbe und eine weiße Kugel zu ziehen.
b) Zeichne ein entsprechendes Baumdiagramm für einen dreistufigen Zufallsversuch ohne Zurücklegen.Komplexe Aufgaben

Komplexe Aufgaben

1 Rund um Weihnachten

Im Foyer des Wiesbadener Kurhauses war 2008 die abgebildete Weihnachtspyramide zu bewundern.

a) Berechne das Volumen der Pyramide und ihre Oberfläche.

b) Aus wie vielen Weihnachtssternen besteht diese Pyramide?
Begründe deine Antwort mithilfe einer Rechnung.

c) In einer Zeitung wurde folgender Artikel Ende August 2010 veröffentlicht:

> **12 Prozent wollen Weihnachten 2010 mehr ausgeben als im Vorjahr**
> Dem deutschen Einzelhandel steht mit einem Umsatzplus von rund 2 % das beste Weihnachtsgeschäft seit dem Jahr 2006 bevor. Zu diesem Ergebnis kommt eine Befragung des Meinungsforschungsinstituts Forsa.
> Laut Forsa gaben zwölf Prozent der Deutschen an, Weihnachten 2010 mehr Geld ausgeben zu wollen. Im Durchschnitt planen sie rund 15 Prozent höhere Ausgaben ein. Das Vorjahresvolumen des Weihnachtsgeschäftes lag bei rund 73 Milliarden Euro.

Überprüfe mithilfe von Rechnungen, ob die Aussagen im Text stimmen können.
Welcher Umsatz ergibt sich daraus für das Weihnachtsgeschäft 2010?

d) In den beiden Grafiken unten sind die Weihnachtswünsche von Frauen bzw. von Männern im Jahr 2009 dargestellt. Waren bei der Frage nach der Art der Weihnachtsgeschenke auch Mehrfachnennungen erlaubt? Begründe deine Antwort.

e) Wie viele der befragten Frauen/Männer gaben an, sich Parfüm und Gutscheine zu wünschen?

f) Wie viele erhielten Technik- und Elektrogeräte?

g) Welche Wünsche wurden am wenigsten berücksichtigt?

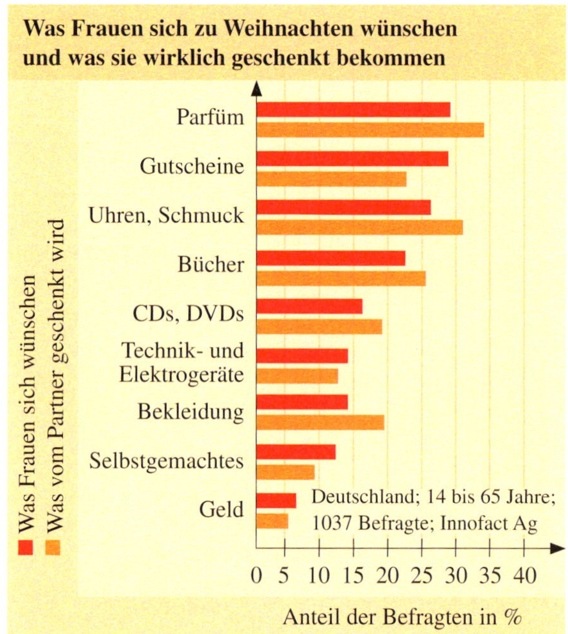

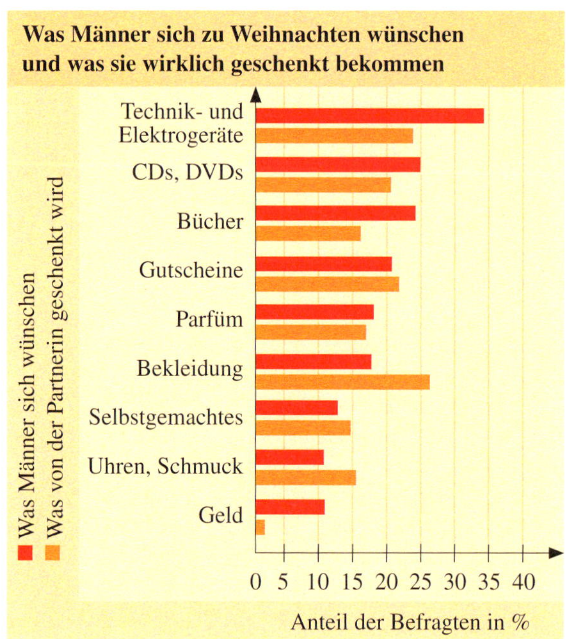

2 Der Gotthard-Basistunnel

Der Gotthard-Basistunnel wird nach seiner Fertigstellung mit einer Länge von 57 km (Weströhre: 56 978 m; Oströhre: 57 091 m) der längste Eisenbahntunnel der Welt sein. Mit allen Verbindungs- und Querstollen ergibt sich eine Tunnelstrecke von 153,5 km.

a) Die Querschnittsfläche der beiden Hauptröhren beträgt etwa $65\,m^2$.
Welche Durchmesser haben die beiden Röhren?

b) Berechne das Volumen des Gesteins, das in diesen beiden Röhren abgebaut wurde.

c) Insgesamt (einschließlich aller Verbindungs- und Querstollen) werden 13,3 Millionen Kubikmeter Gestein abgebaut.
Welches Gesteinsvolumen entfällt auf die Quer- und Verbindungsstollen?

d) 40 % des insgesamt abgebauten Gesteins wird für die Herstellung von Beton verwendet. Wie viel Kubikmeter Gestein sind das?

e) In Höhe von etwa 1,90 m (siehe Grafik) werden die Eisenbahnschienen eingebaut.
Wie breit kann der Boden an dieser Stelle maximal sein, wenn davon ausgegangen werden kann, dass die Röhren mit einer 30–40 cm dicken Betonschicht abgestützt wird?

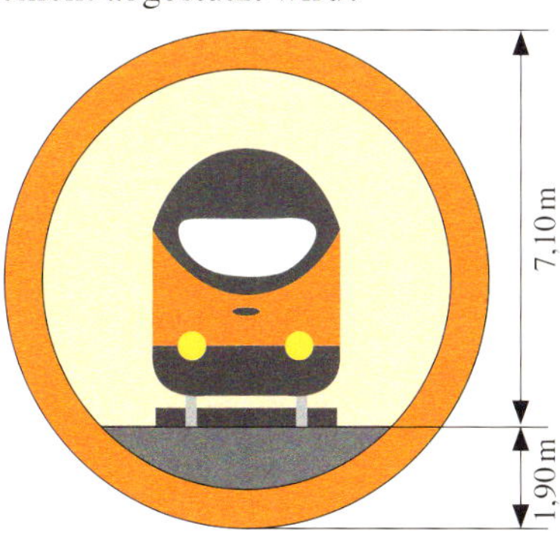

3 Fährbetrieb auf dem Rhein

Zwischen den Ortschaften Rüdesheim und Bingen verkehrt eine Fähre über den Rhein. Um die Länge der Strecke zwischen den beiden Anlegestellen zu ermitteln, steckt Ann Kathrin 150 m von der Anlegestelle in Bingen entfernt einen Punkt A ab und misst anschließend die Winkel $\sphericalangle RAB = 46°$ und $\sphericalangle ABR = 119°$.

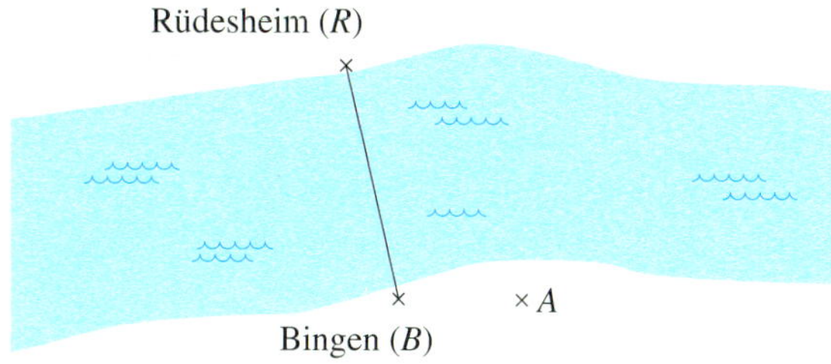

a) Wie lang ist die Strecke zwischen den beiden Anlegepunkten?

b) Pro Fahrt können maximal 20 Pkw transportiert werden. Wie viele Pkw können pro Tag maximal über den Rhein befördert werden?

FS STADT RÜDESHEIM

Tragfähigkeit	120 t
Einzelachslast	12 t
Doppelachslast	24 t
Höchstzulässiges Gesamtgewicht eines Fahrzeugs	38 t
Höchstzulässige Fahrgastzahl	250

Autofähre zwischen Bingen und Rüdesheim
vom 1. November 2010 bis April 2011
(Auch Personenbeförderung)

Autofähre ab Bingen (Hafen):

W 5.45 W 6.10 W 6.30 W 6.50 7.10 7.30

weiter alle 20 Minuten bis 18.50 Uhr

19.15 19.45 20.15 20.45 21.15 21.45

Autofähre ab Rüdesheim:

W 6.00 W 6.20 W 6.40 W 7.00 7.20

weiter alle 20 Minuten bis 19.00 Uhr

19.30 20.00 20.30 21.00 21.30

W nur Werktags, nicht an Sonn- und Feiertagen
vom 2. November 2010 bis 15. März 2011

Lösungen der „Teste dich!“-Seiten, der Aufgaben zur Prüfungsvorbereitung und Glossar

Kapitel 1: Potenzrechnung und Potenzfunktionen

S. 26

1

a) 5^4 b) a^6b^3 c) $(\frac{r}{2})^4$

2

a) 81; 900; 64; 243

b) 125 000; 1,21; 1 000 000; 160 000

c) $\frac{27}{64}$; 0,0016; $\frac{1}{125}$; $\frac{16}{729}$

3

a) 10^2; 3^3; 2^6; 5^3

b) $0{,}1^2$; $2{,}5^2$; $0{,}2^3$; $0{,}9^3$

4 $(-2)^3 < 0{,}2^2 < (\frac{1}{4})^2 < 4^0 < (-10)^4$

5 $(3^2)^3 < 3^{3^2}$, denn es gilt:
$(3^2)^3 = 3^6 = 729 < 19\,683 = 3^9 = 3^{3^2}$

6

a) $7{,}3 \cdot 10^3$; $8{,}85 \cdot 10^4$; $3 \cdot 10^9$

b) $8{,}6 \cdot 10^{-2}$; $7{,}68 \cdot 10^{-4}$; $8{,}8 \cdot 10^{-7}$

7

a) 73 000; 9156,8; 713 786,73

b) 0,000 043; 0,07 215 683; 0,0 563

8

a) $7 \cdot 10^{-4}$ cm b) 10^{-4} mm c) $5 \cdot 10^8$ km^2

d) $5{,}9 \cdot 10^6$ km e) $3{,}11 \cdot 10^{10}$ €

9

a) 59 049; 729; 4,096; $\approx -3{,}405 \cdot 10^9$; $\approx 1{,}303 \cdot 10^{-3}$

b) $\approx 8{,}895 \cdot 10^{-3}$; $\approx 7{,}3240 \cdot 10^{-4}$; $\approx 0{,}178$; 8

10

a) $\frac{1}{2^2}$; $\frac{1}{4^5}$; $\frac{1}{7^3}$; $\frac{1}{18^4}$; $\frac{1}{12^3}$

b) 3^3; $\frac{1}{\sqrt{15}}$; $(\frac{3}{2})^3$; $\frac{1}{0{,}5^2} = 2^2$; 8^3

11 3^{-7}; 11^{-4}; 2^{-6}; $25^{-2} = 5^{-3}$; 10^{-4}

12

a) $\sqrt[2]{100} = 10$; $\sqrt[2]{3600} = 60$; $\sqrt[3]{125} = 5$

b) $\sqrt[3]{0{,}512} = 0{,}8$; $\sqrt[5]{1024} = 4$; $\sqrt[2]{3{,}24} = 1{,}8$

13

a) $13^9 \approx 1{,}0604 \cdot 10^{10}$; $27^1 = 27$; $11^{-7} \approx 5{,}1 \cdot 10^{-8}$

b) $10^2 = 100$; $28^{-1} = \frac{1}{28}$; $14^{-1} = \frac{1}{14}$

c) x^8; $(-ab)^{13}$; $(16r^2s)^4$

d) y^2; y^{-9}; $(-3z)^9$

14

a) $5x^2$; $4p^6$ b) ~~$18s^4$~~ 16s; $63r$

15

a) $x^8 + x^{11}$; $6a^{10} - 12a^{11}$

b) $4xy^3 + 24x^3y$; $6a^5b^2 - 12a^3b^7$

c) $2a^6 + 12a^4b^2 - 3a^2b^3 - 18b^5$

16

a) $x(x^4 + x^2 + 2)$; $p(p^5 - p^2 + 1)$

b) $2(2y^3 + 4y^5 - x^2)$; $ab(ab^4 + b^2 + a^2)$

17

a) $(2 \cdot 5)^3 = 10^3 = 1000$;
$(8 \cdot 2{,}5)^2 = 20^2 = 400$;
$-2^6 = -64$

b) $(\frac{8}{4})^3 = 2^3 = 8$;
$(0{,}8 \cdot 0{,}8 \cdot 50)^4 = 32^4 = 1\,048\,576$;
$(\frac{2}{3} \cdot (-\frac{15}{20}))^3 = (-\frac{1}{2})^3 = -\frac{1}{8}$

c) $(mn)^5$; $-(rs)^8$; $(2ab)^6$

18

a) $3^4 = 81$; $4^4 = 256$; $2^8 = 256$

b) $(\frac{a}{b})^4$; $(\frac{xy}{x})^7 = y^7$; $(2ab)^3$

19

a) $2^{15} = 32\,768$; $10^6 = 1\,000\,000$; $(-4)^6 = 4096$;
$3^4 = 81$

b) a^{12}; $(-x)^{15} = -x^{15}$; $-(y^{-10})$; b^{xy}

20

a) $a^4 + 2a^2b^2 + b^4$ b) $2s^6 - 16s^3r^2 + 16r^4$

c) $25a^8 - 36b^6$

S. 27

21

a) $P_1(4{,}5; 91{,}125)$; $P_2(-0{,}6; -0{,}216)$; $P_3(\frac{1}{4}; \frac{1}{64})$

b) $P_1(-20; -8000)$; $P_2(9; 729)$; $P_3(\frac{1}{3}; \frac{1}{27})$

22 x ≙ trifft zu

	$y=x^4$	$y=x^5$	$y=x^{\frac{1}{2}}$
a)	x	x	x
b)			
c)		x	
d)	x		
e)		x	x
f)		x	
g)			
h)			

23 individuell (siehe S. 5)

24

a)

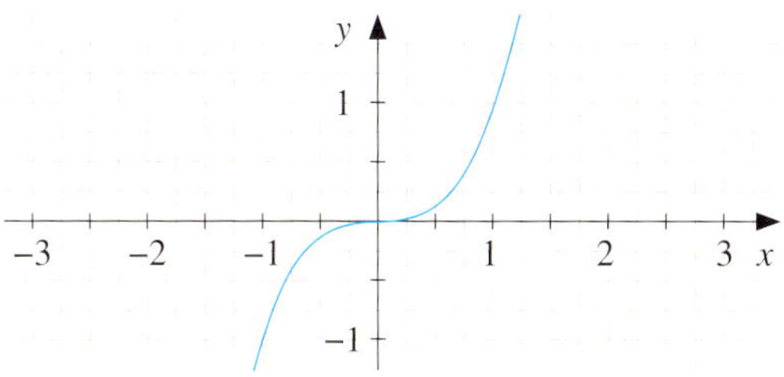

b)

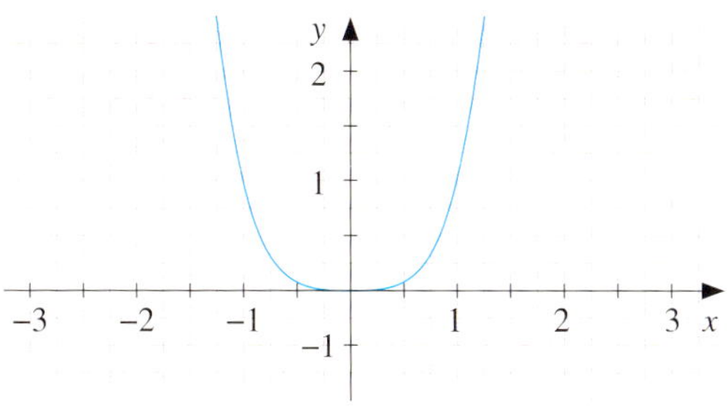

c)

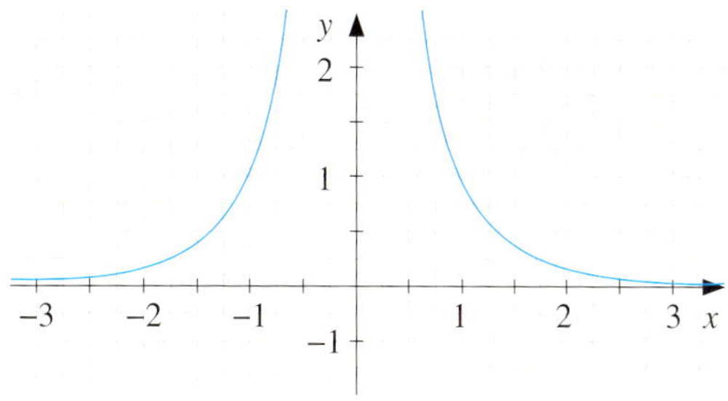

d)

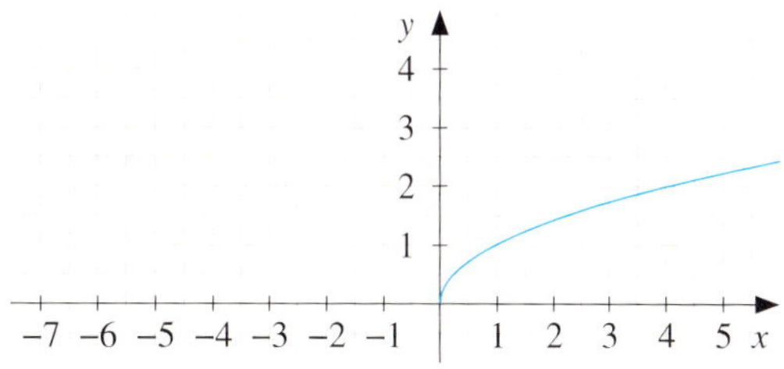

25 $3{,}6\,\text{AE} \approx 5{,}39 \cdot 10^8\,\text{km}$

1 Jahr hat 365 Tage.

Strecke pro Tag $= \frac{5{,}39 \cdot 10^8\,\text{km}}{365} \approx 1{,}48 \cdot 10^6\,\text{km}$

1 Tag hat 24 Stunden.

Strecke pro Stunde $\approx \frac{1{,}48 \cdot 10^6\,\text{km}}{24} \approx 6{,}15 \cdot 10^4\,\text{km}$

Die Raumsonde Voyager 1 legt pro Tag etwa $1{,}48 \cdot 10^6\,\text{km}$ und pro Stunde etwa $6{,}15 \cdot 10^4\,\text{km}$ zurück.

26

a)

Zeit in s	Turmhöhe in m
1	4,905
2	19,62
5	122,625
10	490,5

b) $4{,}905\,t^2 = 325\,\text{m}$, also $t = \sqrt{\frac{325}{4{,}905}}\,\text{s} \approx 8\,\text{s}$.

Ein Stein benötigt etwa acht Sekunden, um von der Spitze des Eiffelturms bis zum Boden zu fallen.

Kapitel 2: Ähnlichkeit

S. 28

1

Die grünen k's sind ähnlich zum roten k, da sie die gleiche Form und nur unterschiedliche Größen haben.

2

a) falsch; Ähnliche Figuren können verschieden groß sein.

b) wahr; Beim maßstäblichen Vergrößern oder Verkleinern ändern sich die Seitenverhältnisse nicht.

c) wahr; Der Maßstab gibt an, wie entsprechende Seiten gestreckt oder gestaucht wurden.

d) wahr; Beim maßstäblichen Vergrößern oder Verkleinern ändern sich die Winkelgrößen nicht.

3 *Beispiel*: die Grundlinie ist gleich lang geblieben, aber die Höhe hat sich veranderthalbfacht.

4 Zeichnungen individuell

a) Die Rechtecke sind ähnlich. Maßstab: 4:3 bzw. $1:\frac{3}{4}$

b) $A_1 = 96\,\text{cm}^2$; $A_2 = 54\,\text{cm}^2$
A_2 ist um $\left(\frac{3}{4}\right)^2$ bzw. k^2 kleiner als A_1.

5

a) $k = 1:8$ b) $a = 1\,\text{km}$ c) $b = 2{,}4\,\text{cm}$

6

a) $k = \sqrt{2}$ b) $k = \sqrt{\frac{1}{2}} = \frac{1}{\sqrt{2}}$

7

a) Die Dreiecke mit den Seitenpaaren 4,5 cm und 7,5 cm; 5,4 cm und 9 cm bzw. 6 cm und 10 cm.

b) Die Dreiecke mit den Seitenpaaren 4 cm und 7 cm; 5 cm und 8,75 cm bzw. 20 cm und 35 cm.

8

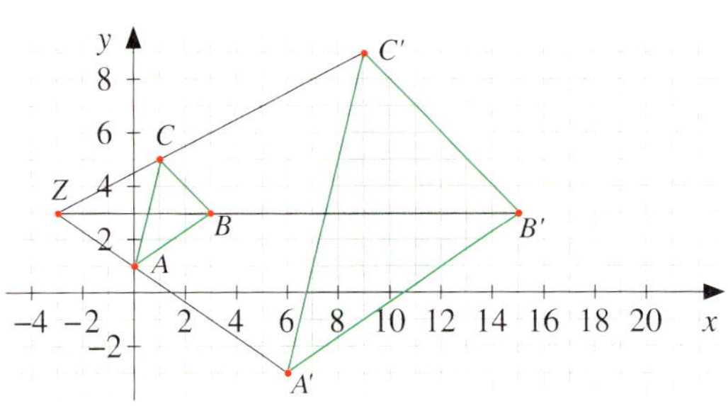

a) Es liegt eine zentrische Streckung vor.

b) Streckfaktor $k = 3$, Streckzentrum $Z(-3;3)$

9

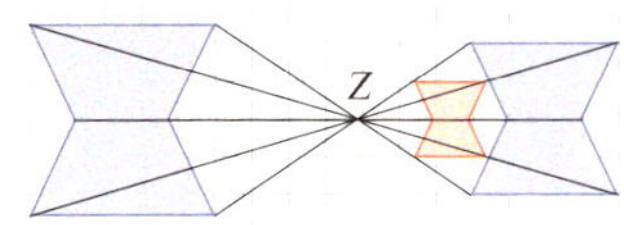

a) Die Winkelgrößen verändern sich nicht.

b) Die Längen ändern sich um den Streckfaktor.

c) Der Flächeninhalt ändert sich um k^2.

10

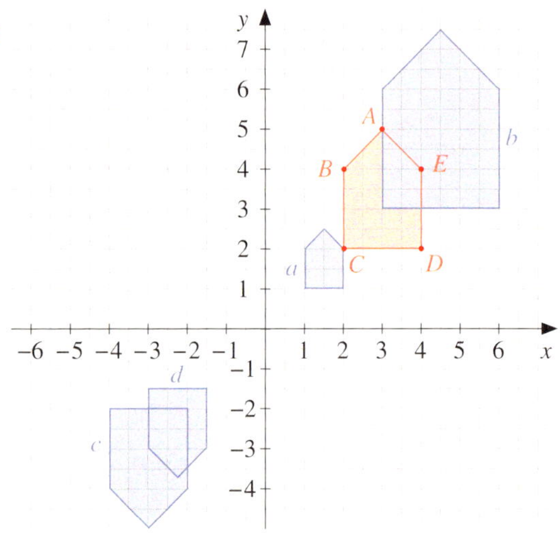

S. 29

11 $\frac{\overline{RS}}{\overline{RM}} = \frac{\overline{QS}}{\overline{QP}}$; $\frac{\overline{SP}}{\overline{SQ}} = \frac{\overline{SM}}{\overline{SR}}$; $\frac{\overline{SM}}{\overline{MR}} = \frac{\overline{SP}}{\overline{PQ}}$; $\frac{\overline{RQ}}{\overline{MP}} = \frac{\overline{RS}}{\overline{RM}}$; $\frac{\overline{RQ}}{\overline{MP}} = \frac{\overline{QS}}{\overline{PS}}$

12

a) $b = 5{,}6\,\text{cm}$; $c = 6\,\text{cm}$; $f = 12\,\text{cm}$; $h = 10\,\text{cm}$

b) $a = 9{,}6\,\text{cm}$; $d = 9\,\text{cm}$; $e = 14{,}4\,\text{cm}$; $g = 15\,\text{cm}$

13 $a = 6{,}25\,\text{cm}$; $b = 4\,\text{cm}$; $c = 7{,}5\,\text{cm}$; $d = 6\,\text{cm}$

14 Die Rückwand muss 25 cm entfernt sein.

15 Der Fluss ist etwa 30,1 m breit.

16 Wenn der Stab wie in der Skizze aufgestellt wird, kann man mit dem zweiten Strahlensatz die Höhe berechnen.

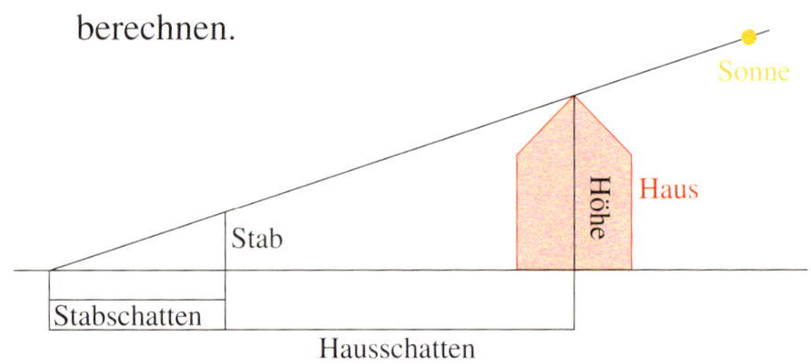

Kapitel 3: Dreiecksberechnungen

S. 30

1 $\sin\beta=\frac{y}{x}$; $\cos\beta=\frac{z}{x}$; $\tan\beta=\frac{y}{z}$; $\sin\gamma=\frac{z}{x}$; $\cos\gamma=\frac{y}{x}$; $\tan\gamma=\frac{z}{y}$

2 Hypotenuse: c; a ist die Gegenkathete und b ist die Ankathete von α; b ist die Gegenkathete und a ist die Ankathete von β.
Z. B.: $\sin\alpha=\frac{a}{c}$; $\cos\alpha=\frac{b}{c}$; $\sin\beta=\frac{b}{c}$; $\cos\beta=\frac{a}{c}$

3
a) $\alpha\approx5{,}13°$; $\beta\approx84{,}87°$ b) $\alpha\approx67{,}90°$; $\beta\approx22{,}10°$
c) $\alpha\approx54{,}77°$; $\beta\approx35{,}23°$ d) nicht lösbar, da $\cos>1$
e) $\alpha\approx22{,}93°$; $\beta\approx67{,}07°$

4 Zeichnungen und Messungen individuell
a) $b\approx4{,}3\,\text{cm}$; $\alpha\approx44{,}4°$; $\beta\approx45{,}6°$
b) $c\approx5{,}3\,\text{cm}$; $\alpha\approx25{,}1°$; $\gamma\approx64{,}9°$
c) $a\approx6{,}7\,\text{cm}$; $\beta\approx42{,}0°$; $\gamma\approx48{,}0°$

5
a) $\alpha\approx41{,}4°$; $\beta\approx97{,}2°$; $b\approx10{,}58\,\text{cm}$
b) $\alpha\approx57{,}5°$; $\beta\approx122{,}5°$

6

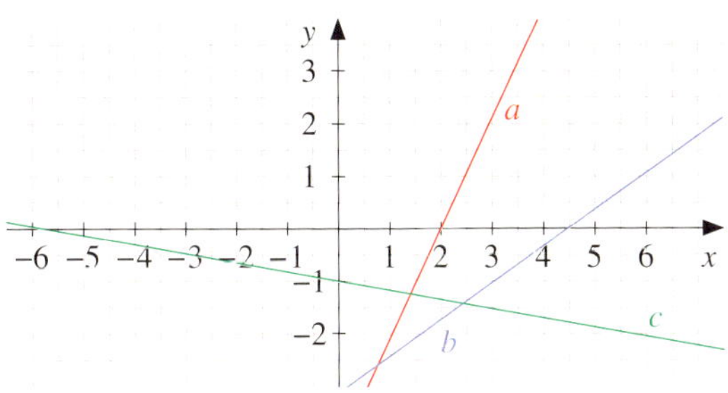

a) $\alpha\approx63{,}4°$ b) $\alpha\approx33{,}7°$ c) $\alpha\approx-9{,}5°$

7
a) 4,0°; 7,1° b) 8,5°; 3,9°

8
a) Zeichnung individuell
b) $\alpha=\beta=52°$; $\gamma=76°$
c) $a=b\approx5{,}52\,\text{cm}$; $h_c\approx4{,}35\,\text{cm}$
d) $u\approx17{,}84\,\text{cm}$; $A\approx14{,}79\,\text{cm}^2$

9 Die Leiter ist etwa 4 m lang.

10 Man sieht den Funkturm aus einer Entfernung von etwa 172 m unter einem Höhenwinkel von 40°.

11 Zeichnungen und Probe individuell
a) $\alpha\approx27{,}3°$ b) $a\approx3{,}9\,\text{cm}$ c) $\beta\approx66{,}8°$

12
a) 23,6° und 156,4°; 14,5° und 165,5°; kein Winkel
b) 45,6°; 107,5°; $\cos\alpha>1$ nicht lösbar
c) 79,5°; 163,3°

13 $\alpha=15°$, $b\approx15{,}79\,\text{cm}$, $c\approx23{,}27\,\text{cm}$

S. 31

14
a)

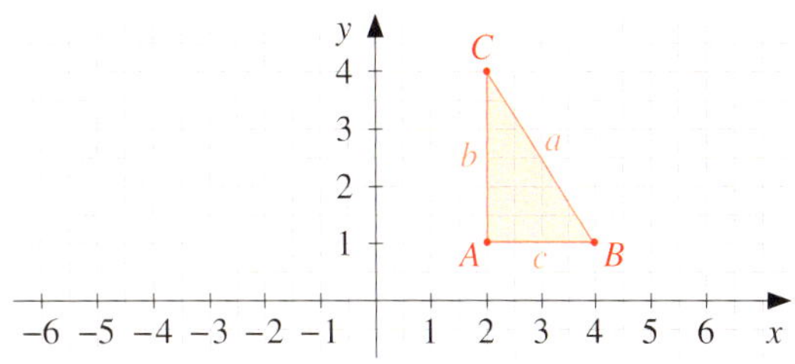

b) $\alpha=90°$; $\beta\approx56{,}3°$; $\gamma\approx33{,}7°$
c) $A=3\,\text{FE}$

15 individuell, z. B.:

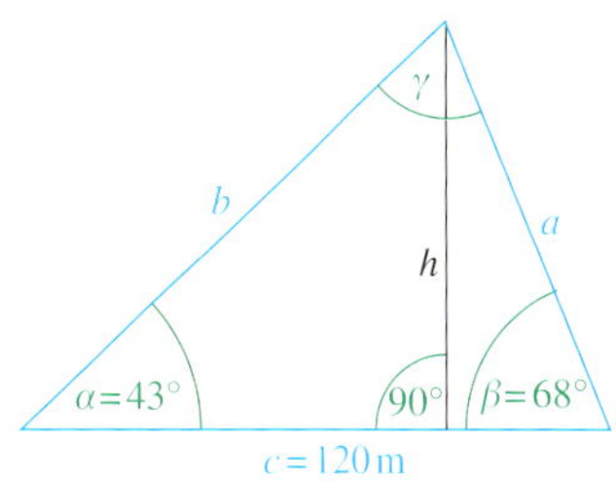

$\gamma=180°-\alpha-\beta=69°$
Sinussatz anwenden: $b=c\cdot\frac{\sin\beta}{\sin\gamma}\approx119{,}18\,\text{m}$
$h_c=(\sin\alpha)\cdot b\approx81{,}28\,\text{m}$

16
a) $c\approx7{,}48\,\text{cm}$ b) $a\approx4{,}37\,\text{cm}$ c) $b\approx11{,}63\,\text{cm}$

17
a) $\gamma\approx77{,}36°$; $\alpha=\beta\approx51{,}32°$
b) $\alpha\approx48{,}54°$; $\beta\approx87{,}43°$; $\gamma\approx44{,}03°$
c) $\alpha\approx24{,}89°$; $\beta\approx44{,}06°$; $\gamma\approx111{,}05°$
d) $\alpha\approx38{,}53°$; $\beta\approx113{,}13°$; $\gamma\approx66{,}86°$

18 Der Punkt A ist etwa 774 m vom Punkt C entfernt, der Punkt B ist etwa 526 m vom Punkt C entfernt.

19
a) Zeichnung individuell
b) Die Entfernung des Hubschraubers zum Punkt B beträgt etwa 716 m.
c) Die kürzeste Entfernung des Hubschraubers zur Straße beträgt etwa 603 m.

Kapitel 4: Trigonometrische Funktionen

S. 32

1 Beispiele:

a) 372°; 732°; 1092° b) 225°; 945°; 1305°

c) 220°; 580°; 940°

2 Zeichnung individuell, Näherungswerte:

a) 0,3; 0,5; 0,9; 0,7; −1 b) 0,9; 0,7; 0,3; −1

c) 0,6; −0,6; 0,8; −0,5

3 Zeichnung individuell, abgelesene Werte sind Näherungswerte:

a) 37° und 143°; 53° und 127°; −17° und −163°

b) 46° und −46°; 78° und −78°; 114° und −114°

4

a) $\sin\alpha > 0$ gilt für $0° < \alpha < 180°$; $\sin\alpha < 0$ gilt für $180° < \alpha < 360°$

b) $\cos\alpha > 0$ gilt für $0° < \alpha < 90°$ und für $270° < \alpha < 360°$; $\cos\alpha < 0$ gilt für $90° < \alpha < 270°$

5

a) Sinuswerte: 0,766; 0,669; 0,866; 0,530;
Kosinuswerte: 0,643; −0,743; −0,5; 0,848

b) Sinuswerte: −0,766; 1; 0,035; 1;
Kosinuswerte: −0,643; 0; 0,999; 0

6 individuell, vergleiche S. 12

7

a) 0,52; 2,09; 3,14; 4,52; 5,24; 6,28

b) −0,27; −1,02; 3,40; 4,70

8

a) 28,65°; 45,26°; 89,95°; 269,86°; 359,82°

b) 90°; 45°; 135°; 540°; 450°; −45°; −30°

9

α	45°	270°	60°	360°	−157,5°
b	$\frac{\pi}{4}$	$\frac{3}{2}\pi$	$\frac{\pi}{3}$	$\frac{7}{2}\pi$	$-\frac{7}{8}\pi$

10 Lückenfüllung individuell

x	0	$\frac{\pi}{4}$	$\frac{\pi}{2}$	$\frac{3}{4}\pi$	…	2π
$\sin x$	0	0,707	1	0,707		0
$\cos x$	1	0,707	0	−0,707		1

11 Wertetabelle individuell, Zeichnung s. S. 13.

12 Näherungswerte
$y = 0{,}4$: $-1{,}8\pi$; $-1{,}1\pi$; $0{,}1\pi$; $0{,}9\pi$; $2{,}1\pi$; $2{,}9\pi$
$y = 0{,}7$: $-1{,}8\pi$; $-1{,}3\pi$; $0{,}3\pi$; $0{,}8\pi$; $2{,}3\pi$; $2{,}8\pi$
$y = -0{,}2$: $-2{,}1\pi$; $-0{,}9\pi$; $0{,}1\pi$; $1{,}1\pi$; $1{,}9\pi$; $3{,}1\pi$; $3{,}9\pi$
$y = -0{,}8$: $-0{,}7\pi$; $-0{,}3\pi$; $1{,}3\pi$; $1{,}7\pi$; $3{,}3\pi$; $3{,}7\pi$

13 Vergleiche die Zeichnung auf Seite 13.

14 individuell

15

a) Z. B. für $\frac{\pi}{2} \le x \le \frac{3}{2}\pi$; für $-\frac{3}{2}\pi \le x \le -\frac{\pi}{2}$ und $-\frac{5}{2}\pi \le x \le \frac{7}{2}\pi$

b) Z. B. für $0 \le x \le \pi$; für $2\pi \le x \le 3\pi$ und $-2\pi \le x \le -\pi$

c) Zu den Bereichen jeweils π addieren.

S. 33

16 Z. B.: Beide Funktionen haben die Periode 2π. Die Kosinuskurve ist die Sinuskurve um $\frac{\pi}{2}$ verschoben.

17

a) *Sinus*: kleinste: $\frac{-\pi}{2}$; $\frac{3}{2}\pi$; $\frac{7}{2}\pi$; größte: $-\frac{3}{2}\pi$; $\frac{\pi}{2}$; $\frac{5}{2}\pi$
Kosinus: kleinste: $-\pi$; π; 3π; größte: -2π; 0; 2π; 4π

b) *Sinusfunktion*: -2π; $-\pi$; 0; π; 2π; 3π; 4π;
Kosinusfunktion: $-\frac{3}{2}\pi$; $\frac{-\pi}{2}$; $\frac{\pi}{2}$; $\frac{3}{2}\pi$; $\frac{5}{2}\pi$; $\frac{7}{2}\pi$

18

a) $\sin\left(-\left(-\frac{\pi}{2}\right)\right) = 1 = -\sin\left(-\frac{\pi}{2}\right)$; $\sin -\left(-\frac{3}{4}\pi\right) \approx 0{,}707 \approx -\sin\left(-\frac{3}{4}\pi\right)$; $\sin\left(-\frac{\pi}{8}\right) \approx 0{,}383 \approx -\sin\left(\frac{\pi}{8}\right)$

b) $\cos\left(-\left(-\frac{\pi}{2}\right)\right) = 0 = \cos\left(-\frac{\pi}{2}\right)$; $\cos\left(-\left(-\frac{3}{4}\pi\right)\right) \approx -0{,}707 \approx \cos\left(-\frac{3}{4}\pi\right)$; $\cos\left(-\frac{\pi}{8}\right) \approx 0{,}924 \approx \cos\left(\frac{\pi}{8}\right)$

19

a) sin (315°); sin (335°); sin (139°)

b) cos (37°); cos (220°); cos (176°)

20

a) $y = 2 \cdot \sin x$ b) $y = 1{,}5 \cdot \sin x$

c) $y = 0{,}5 \cdot \sin x$ d) $y = 0{,}7 \cdot \cos x$

21 Wertetabellen individuell.

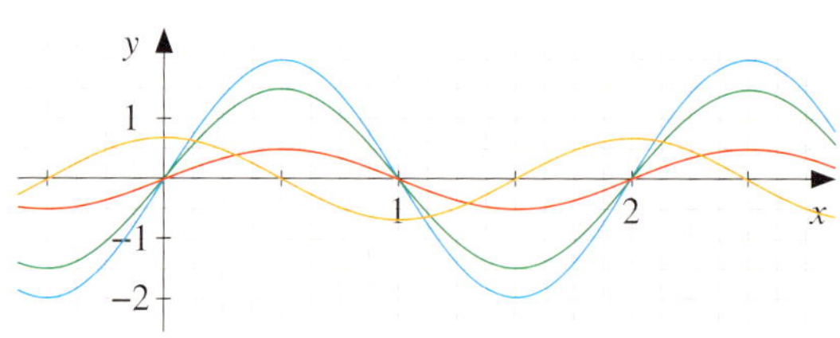

22 $h(\alpha) = 8 \cdot \sin(\alpha)$

Kapitel 5: Kugeln und komplexe Körper

S. 34

1
a) $V \approx 113\,cm^3$; $A \approx 113\,cm^2$
b) $V \approx 463\,cm^3$; $A \approx 290\,cm^2$
c) $V \approx 4{,}2\,m^3$; $A \approx 13\,m^2$
d) $V \approx 0{,}268\,dm^3$; $A \approx 2\,dm^2$

2
a) $d = 8\,cm$; $V \approx 268\,cm^3$; $A_O \approx 201\,cm^2$
b) $r = 6{,}5\,cm$; $V \approx 1150\,cm^3$; $A_O \approx 531\,cm^2$
c) $r \approx 2{,}9\,cm$; $d \approx 5{,}8\,cm$; $A_O \approx 106\,cm^2$
d) $r \approx 2{,}6\,cm$; $d \approx 5{,}2\,cm$; $V \approx 74\,cm^3$

3 $V \approx 1{,}76 \cdot 10^{11}\,km^3$; $A_O \approx 1{,}5 \cdot 10^8\,km^2$

4 $r_{Männer} \approx 9{,}39\,cm$, $r_{Jugend} \approx 8{,}59\,cm$
$A_{O_{Männer}} \approx 1108\,cm^2$, $A_{O_{Jugend}} \approx 928\,cm^2$
Rechnet man mit 25 % Verschnitt, benötigt man etwa $1385\,cm^2$ Leder für den Männerhandball und etwa $1160\,cm^2$ Leder für den Jugendhandball.

5
a)

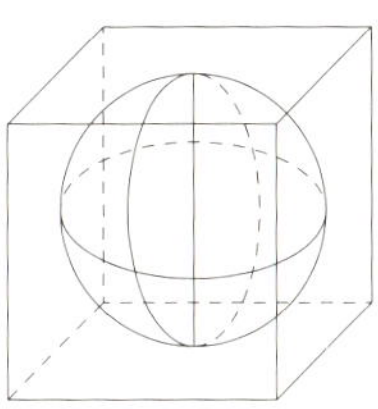

b) $V_{Würfel} = 97{,}336\,cm^3$, $V_{Kugel} \approx 50{,}97\,cm^3$
Der Anteil des Kugelvolumens am Volumen des Würfels beträgt etwa 52,4 %.
c) $A_{O_{Würfel}} \approx 126{,}96\,cm^2$, $A_{O_{Kugel}} \approx 66{,}48\,cm^2$
Der Anteil der Kugeloberfläche an der Würfeloberfläche betragt etwa 52,4 %.

6
a) individuell
b) individuell

7
a) Volumen eines Balles $\approx 179{,}6\,cm^3$
Volumen der vier Bälle zusammen $\approx 718{,}4\,cm^3$
Volumen des Zylinders $\approx 1077{,}6\,cm^3$
Der in der Dose verbleibende Hohlraum ist etwa $359{,}2\,cm^3$ groß.
b) Etwa 33,3 % des Dosenvolumens ist leer.

8
1: $V \approx 3364{,}9\,cm^3$; $A_O \approx 1389{,}3\,cm^2$
2: $V = 460\,cm^3$; $A_O \approx 282{,}6\,cm^2$
3: $V \approx 10{,}47\,cm^3$; $A_O \approx 28{,}66\,cm^2$

9
a) **1:** $V \approx 89{,}07\,cm^3$; $A_O \approx 161{,}16\,cm^2$
2: $V \approx 443{,}79\,cm^3$; $A_O \approx 407{,}49\,cm^2$
b) **1:** $V = 352\,cm^3$; $A_O = 352\,cm^2$
2: $V \approx 53{,}33\,cm^3$; $A_O \approx 107{,}60\,cm^3$

10
a) Z. B.:

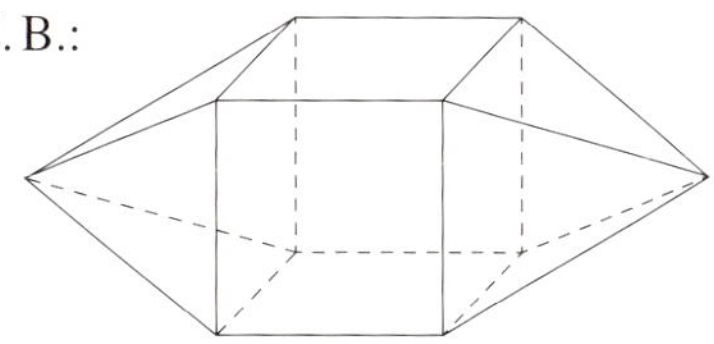

b) $A_O \approx 746{,}4\,cm^2$
c) Gesamtlänge $10 + 2 \cdot \sqrt{50} \approx 24{,}1\,cm^2$
d) $V \approx 2414{,}21\,cm^3$

S. 35

11 $V \approx 100{,}04\,cm^3$; $A_O \approx 166{,}06\,cm^2$
87,008 152,25

12 Volumen linkes Werkstück $\approx 7618{,}4\,cm^3$;
Volumen rechtes Werkstück $\approx 14671{,}7\,cm^3$;
Das rechte Werkstück ist schwerer als das linke.

13 Die Fläche des Dachs beträgt etwa $278{,}8\,m^2$.

14 Das Senkblei wiegt etwa 60,1 g.

15
a) In die Dose passen etwa 589 g Espresso.
b) Die Dose muss ein Volumen von $2000\,cm^3$ haben.
Beispielmaße: $r = h \approx 8{,}6\,cm$
c) Man benötigt etwa $1{,}5\,m^2$ Beschichtung.

16
a) $V = 166{,}\overline{6}\,cm^3$
b) Der Anteil am Würfelvolumen beträgt $16{,}\overline{6}$ %.
c) Der Anteil ist immer gleich. Er ist unabhängig von der Kantenlänge des Würfels.

17 Volumen des Körpers $\approx 285{,}9\,cm^3$
$V_{Würfel} - V_{Zylinder} \approx 285{,}9\,cm^3$
Daraus ergibt sich $r \approx 3\,cm$.
Der Durchmesser der Bohrung beträgt etwa 6 cm.

Kapitel 6: Exponentielles Wachstum und Wachstumsfunktionen

S. 36

1 Beispiele:
a) Pflanzenwachstum, Höhe einer Hochhausbaustelle
b) Pegelstand einer Colaflasche, Benzinvorrat im Autotank während der Fahrt
c) Geschwindigkeit in gleichmäßig beschleunigten Bewegungen, physikalische Arbeit in Abhängigkeit von der Zeit
d) Virenpopulation, verzinstes Geld
e) Atomzerfallsprozesse radioaktiver Isotope, Lichtstärkeabnahme in dickem Glas

2
a) 1,125 b) 1,034 c) 2,5

3
a) 1 und f, 2 und g, 3 und k, 4 und h
b) individuell

4

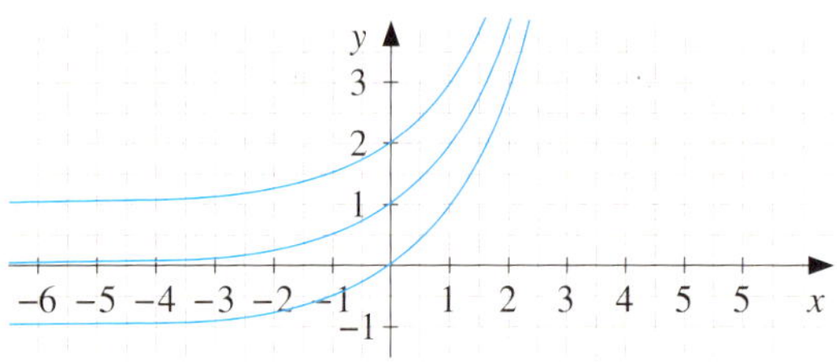

5
a) $f(x)=1{,}5^x+2$ b) $f(x)=0{,}45\cdot 1{,}5^x$
c) $f(x)=1{,}5^x-3{,}5$ d) $f(x)=1{,}3\cdot 1{,}5^x$

6 Beispiele: linear: $f(x)=x$, quadratisch: $g(x)=x^2$, exponentiell: $h(x)=2^x$, Wertetabellen individuell.

7 Der Wagen ist noch etwa 11 755 € wert.

8
a)

Stunden	0	1	2	3	4	5
Masse (in g)	5	20	80	320	1280	5120

b) Nach etwa 3,3 Stunden hat sich die Bakterienkultur verhundertfacht.

9
a) Nach etwa 15,4 Jahren hat sich das Kapital verdoppelt.
b) Der Kontostand beträgt etwa 7863,91 €.

10
a) $f(x)=0{,}83^x\cdot 4200$
b) Sie kann bis 11,42 m Tiefe fotografieren.

11
a) A auf Graph b) B nicht auf Graph
c) C nicht auf Graph d) D auf Graph

12 Nach einem halben Jahr würden etwa 132 Wanderratten leben.

13
a) Es werden 2050 mindestens 9,06 Milliarden und maximal 11,49 Milliarden Menschen auf der Erde leben.
b)

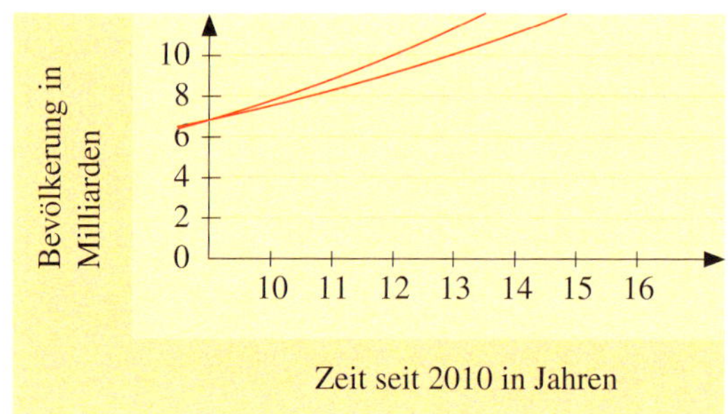

S. 37

14
a) $f(x)=7\cdot 2^x+3$ b) $g(x)=8{,}5\cdot 0{,}75^x-6$
c) $h(x)=1{,}5\cdot 0{,}5^x-5$

15
a) 3; 5 b) 3; 3 c) $\frac{1}{2}$; $-\frac{1}{3}$

16
a) 1,683; 0 b) 2,814; 2,146 c) 4,054; 2,930

17
a) 256; 27 b) 125; 64 c) $\frac{1}{64}$; 4

18
a) 3; 5 b) 2; 9 c) $\frac{1}{6}$; $\frac{1}{7}$

19

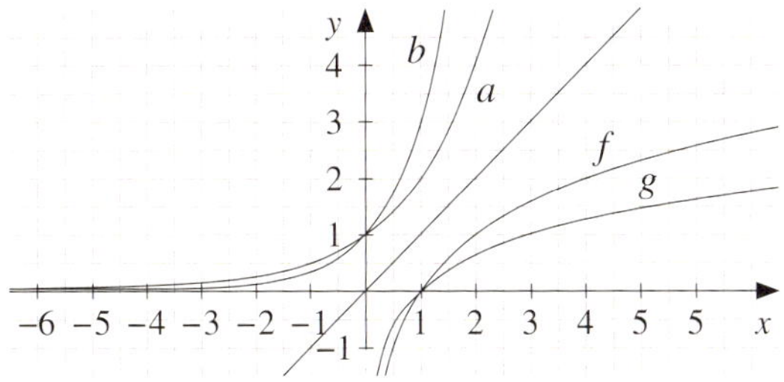

Den Graphen von f erhält man aus dem Graphen von $a(x)=2^x$ durch Spiegeln an der Geraden $y=x$. Analog wird für g verfahren.

20

a) $\approx 20{,}23$ Jahre
b) $\approx 17{,}32$ Jahre
c) $\approx 12{,}24$ Jahre
d) $\approx 10{,}73$ Jahre
e) $\approx 7{,}29$ Jahre

21

a)

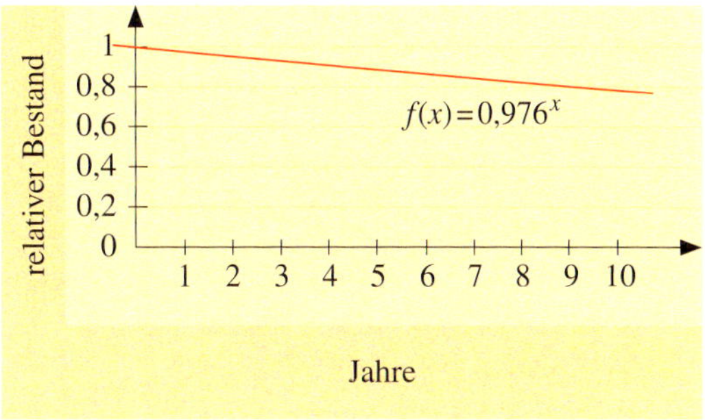

b) Die Halbwertszeit liegt bei etwa 28,53 Jahren.

Kapitel 7: Statistik

S. 38

1

a) Spannweite: 410, Zentralwert: 384, arithmetisches Mittel: $385{,}\overline{3}$

b) Der Ausstellungsort hat vermutlich montags geschlossen, deshalb sollte man den Montag nicht in die Berechnungen mit einbeziehen.

2

a) mittlere Jahrestemperaturen: Helsinki $4{,}\overline{6}$ °C, Lagos $26{,}\overline{6}$ °C, Douala 25,75 °C

b) Individuell z. B.: Helsinki hat im Vergleich zu Lagos und Douala eine sehr niedrige mittlere Durchschnittstemperatur. Die Lage der Städte und die Neigung der Erde sind Gründe für diesen Unterschied.

c) mittlerer Niederschlag: Helsinki $57{,}\overline{3}\,\frac{\ell}{m^2}$, Lagos $135{,}5\,\frac{\ell}{m^2}$, Douala $334{,}58\,\frac{\ell}{m^2}$

d) Individuell z. B.: Die Temperaturen in Helsinki schwanken stark zwischen Sommer und Winter. In Lagos und Douala gibt es kaum jahreszeitliche Temperaturunterschiede. In Douala regnet es sehr viel. Sowohl in Douala als auch in Lagos gibt es große Schwankungen der Niederschlagsmengen.

3 Der Durchmesser der Kreise repräsentiert die Prozentzahlen, nicht der Flächeninhalt. Dadurch wirkt der Anteil von Deutschland und Russland am CO_2-Ausstoß sehr klein.

4

a) Die Grafik erweckt zuerst den Eindruck, dass immer weniger Viren-E-Mails verschickt werden.

b) Der Anteil von vireninfizierten E-Mail wird von $\frac{1}{1400} \approx 0{,}07\,\%$ im Jahr 1999 auf 50 % im Jahr 2013 steigen.

c) z. B.

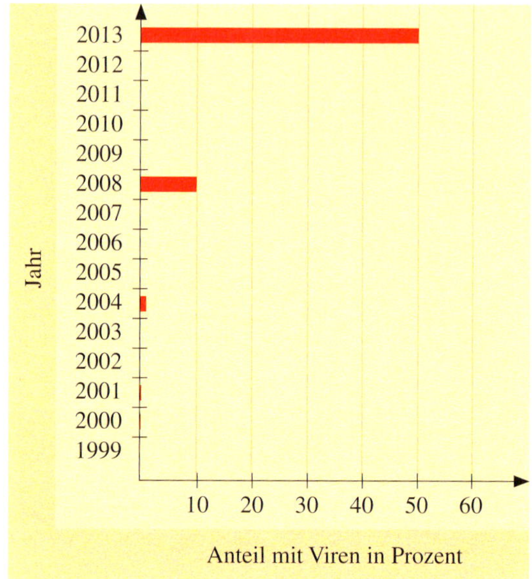

5

a) z. B.

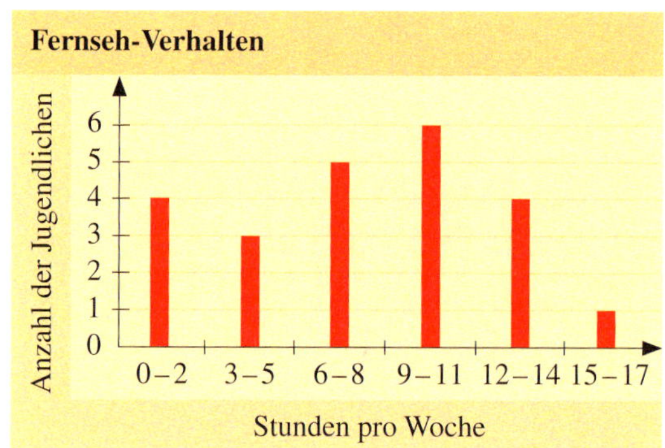

b) arithmetisches Mittel:

$$\frac{(1\cdot 4+4\cdot 3+7\cdot 5+10\cdot 6+13\cdot 4+16\cdot 1)}{23} \approx 7{,}78\,\text{h}$$

c) z. B.: Alle Daten einzeln betrachtet haben als arithmetisches Mittel ≈ 7,70 h.
Durch anderes Zusammenfassen von Daten erhält man andere arithmetische Mittel. Bei der ersten Zusammenfassung von Daten ergibt sich, dass Jugendliche durchschnittlich mehr Fernsehen als bei der zweiten Zusammenfassung.

6

a) Frauen:
Minimum: 21; Viertelwert: 26; Zentralwert: 29; Dreiviertelwert: 33; Maximum: 36
Männer:
Minimum: 21; Viertelwert: 27; Zentralwert: 30; Dreiviertelwert: 35; Maximum: 40

b) Acht Frauen sind zwischen 26 und 29 Jahren alt. Bei den Männern ist die Zahl nicht genau zu bestimmen.

c) Die erste Aussage ist wahr, denn der Zentralwert, der Dreiviertelwert und das Maximum des Männeralters sind höher als die entsprechenden Werte der Frauen.
Die zweite Aussage ist falsch, es gibt sowohl eine 21-jährige Frau als auch einen 21-jährigen Mann im Chor.

d) Z. B.: Der älteste Mann ist vier Jahre älter als die älteste Frau. Die Männer sind im Schnitt etwas älter als die Frauen.

S. 39

7

a)

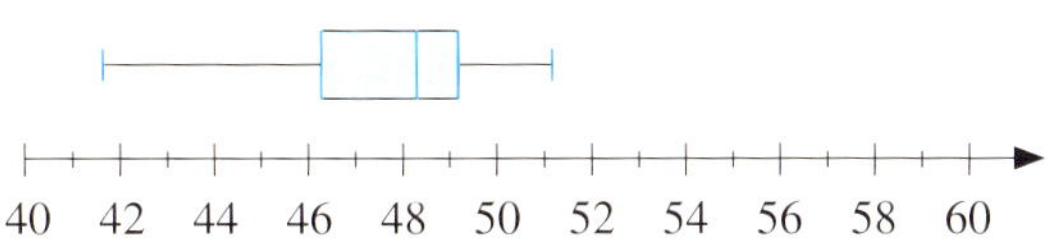

b) arithmetisches Mittel: ≈ 47,32

c) Individuell, z. B.: Die Hälfte der Teilnehmer hat zwischen 46,10 und 49,20 Punkte erreicht. Es gibt mehr Ausreißer nach unten als nach oben.

8

a) Modalwert: 9 h

b) arithmetisches Mittel: 8,42 h,
mittlere Abweichung: ≈ 1,21 h

c) Durchschnittlich weicht eine getestete Batterie 1,21 h von der durchschnittlichen Spieldauer von 8,42 h ab.

9

a) *Beispiel*:

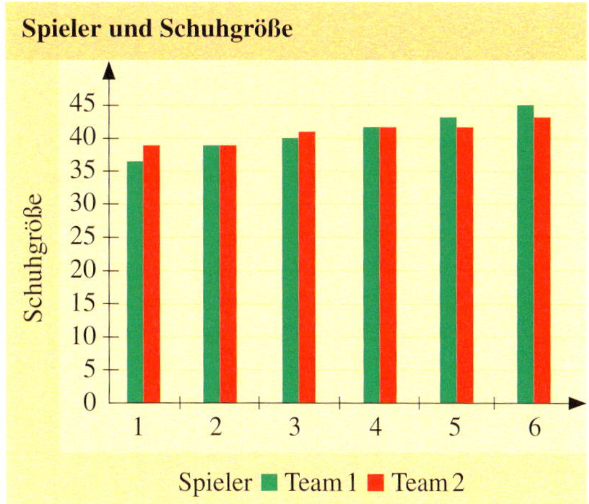

b) Mittlere Abweichung Team 1: $2,\overline{3}$; mittlerer Abweichung Team 2: $1,\overline{3}$

c) Varianz Team 1: 7; Varianz Team 2: $2,\overline{3}$; Standardabweichung Team 1: ≈ 2,65; Standardabweichung Team 2: 1,53

d) Z. B.: Obwohl das arithmetische Mittel der Schuhgrößen beider Teams gleich ist, ist die Varianz und Standardabweichung unterschiedlich. Die Werte von Team 2 streuen weniger als die von Team 1.

10

	Datenreihe 1	**Datenreihe 2**
arithmetisches Mittel	2	2
Mittlere Abweichung	1	1
Standardabweichung	1	$\sqrt{2}$

Die Standardabweichung ist am aussagekräftigsten. Bei beiden Datenreihen ist die mittlere Abweichung gleich, doch die Standardabweichung unterschiedlich. Die Daten der Reihe 2 streuen stärker als die Daten der Reihe 1.

11

a) Z. B.: Die Entwicklung der prozentualen Wahlbeteilung ist tendenziell fallend. Es gab jedoch bis 1972 eine Zunahme.

b) Die rote Linie ist eine Ausgleichsgerade. Die Gerade liegt so, dass der Abstand der Punkte von der Geraden zusammen genommen möglichst klein ist.

Leitidee „Zahl"

S. 43

1

a) 14,4 **b)** 1,98 **c)** 21,912
d) 56,088 **e)** 5,95 **f)** 2,185
g) 6,696 **h)** 0,1234

2

a) 14 **b)** −14 **c)** −192
d) −13 **e)** −17,2 **f)** −0,1557
g) −4 **h)** −18

3

a) $\frac{29}{35}$ **b)** $\frac{1}{18}$ **c)** $\frac{19}{12}=1\frac{7}{12}$
d) $\frac{25}{24}=1\frac{1}{24}$ **e)** $\frac{67}{18}=3\frac{13}{18}$ **f)** $\frac{29}{8}=3\frac{5}{8}$

4

a) $\frac{4}{35}$ **b)** $\frac{3}{14}$ **c)** $12\frac{3}{4}$
d) $\frac{11}{27}$ **e)** $\frac{3}{20}$ **f)** 48
g) $\frac{5}{12}$ **h)** 36 **i)** $3\frac{3}{5}$
j) $2\frac{9}{20}$ **k)** $\frac{2}{15}$ **l)** $\frac{5}{8}$

5

a) $1\frac{78}{99}\cdot\frac{2}{99}=\frac{356}{9801}\approx 0{,}036$
b) $\frac{10}{11}$ liegt näher an 1, da $\frac{10}{11}=\frac{90}{99}>\frac{88}{99}=\frac{8}{9}$.

6

a) 0,6 **b)** $0{,}\overline{3}$ **c)** $0{,}\overline{7}$
d) 0,35 **e)** 0,25 **f)** $0{,}\overline{428571}$

7

a) $2{,}002<2{,}00\overline{2}<2{,}0\overline{2}$ **b)** $5{,}\overline{19}<5{,}1\overline{9}<5{,}2<5{,}\overline{20}$
c) $0{,}01<0{,}0\overline{10}<0{,}0\overline{1}=0{,}01\overline{1}$

8

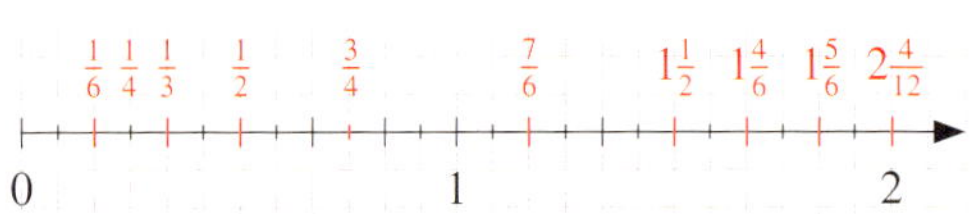

9

a) $\frac{9}{15}\hat{=}60\,\%$ **b)** $\frac{9}{16}\hat{=}56{,}25\,\%$ **c)** $\frac{3}{8}\hat{=}37{,}5\,\%$

10

a) Prozentwert: 117,45 **b)** Grundwert: 1055
c) Prozentsatz: 20 % **d)** Prozentwert: 148,96
e) Grundwert: 445 **f)** Grundwert: 2765,36
g) Prozentsatz: 65 % **h)** Prozentsatz: 45 %

11 Die Freundin verlangt einen Zinssatz von 5 %. Einschätzung individuell.

12 Nach dem ersten Jahr: 2575 €
Nach dem zweiten Jahr: 2652,25 €
Nach dem dritten Jahr: etwa 2731,82 €

Leitideen „Messen" und „Raum und Form"

S. 44

13

a) 0,35 m; 5,6 m; 450 m; 2,34 m; 1300 m; 4090 m; 5,39 m; 0,3 m
b) $0{,}109\,m^2$; $10{,}0987\,m^2$; $2300\,m^2$; $4500\,m^2$; $1\,234\,500\,m^2$; $90{,}9\,m^2$; $40{,}1\,m^2$; $0{,}0389\,m^2$
c) 4,455 ℓ; 3,02 ℓ; 12 ℓ; 120 ℓ; 23 907 ℓ; 123 ℓ; 659,01 ℓ
d) 1,5 h; 2 h; $\frac{1}{10}$h = 0,1 h; $\frac{2}{3}$h; $\frac{1}{6}$h; 1,5 h; 84 h; 120 h; 168 h

14 Der Zug erreicht den Kölner Hauptbahnhof um 19.10 Uhr.

15

a) $u\approx 1120\,cm = 11{,}2\,m$; Es werden die Seitenlängen addiert und anschließend die Summe mit 100 multipliziert.
$A\approx 50\,000\,cm^2 = 5\,m^2$; Der Flächeninhalt der Figur ist genauso groß, wie der Flächeninhalt des Rechtecks, wenn man die rechte Ecke in die linke Lücke stecken würde. Den Flächeninhalt des Rechtecks kann man leicht berechnen ($2{,}5\,cm\cdot 2\,cm = 5\,cm^2$). Der Flächeninhalt muss, wegen des Maßstabs, mit 10 000 multipliziert werden.
b) $u\approx 97\,cm$; wie bei a).
$A\approx 560\,cm^2$; Bei der Figur fehlten oben links und rechts jeweils ein Dreieck. Stellt man sich diese Dreiecke vor, so entsteht ein Rechteck, dessen Flächeninhalt leicht berechnet werden kann ($3{,}3\,cm\cdot 2\,cm = 6{,}6\,cm^2$). Von dessen Flächeninhalt wird der Flächeninhalt der beiden Dreiecke abgezogen (zusammen $1\,cm^2$). Wird der Maßstab beachtet, kommt man zu dem Ergebnis von $560\,cm^2$.
c) $u\approx 360\,cm$; wie bei a).
$A\approx 6050\,cm^2 = 60{,}5\,dm^2$; Man nutzt die Flächenberechnung von Dreiecken und beachtet anschließend den Maßstab.

16

a)

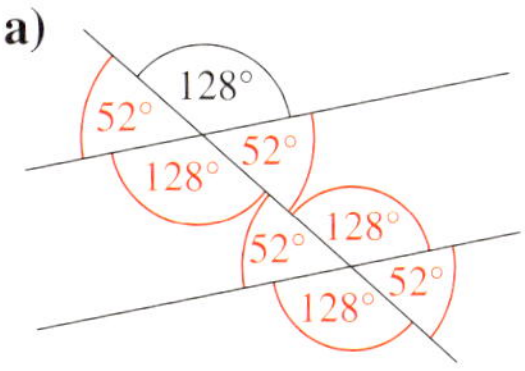

b)

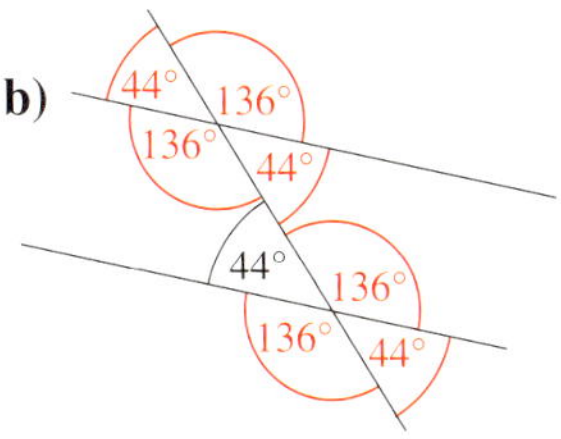

17

a)

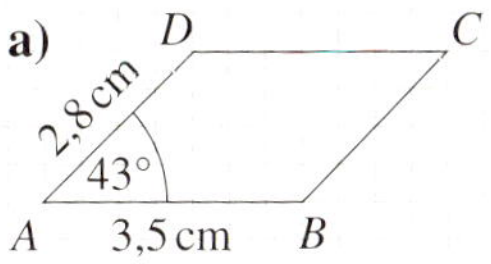

b)

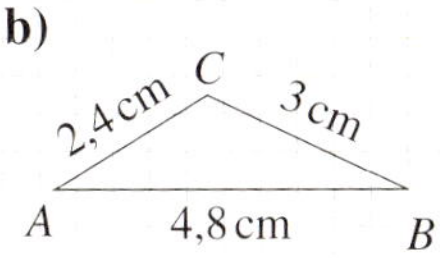

c)

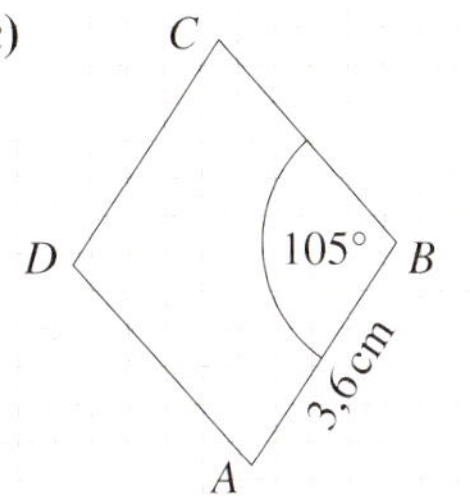

18 Quader 1d; Prisma 2h; Pyramide 3g; Pyramide 4b; Kegel 5a; Würfel 6f; Zylinder 7c; Prisma 8e

19

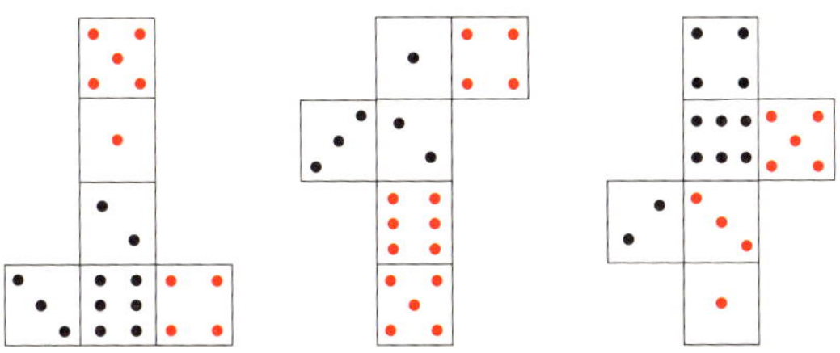

20

a) $A_O = 96\,cm^2$; $V = 64\,cm^3$ b) $a = 2\,cm$; $V = 8\,cm^3$

c) $A_O = 52\,cm^2$; $V = 24\,cm^3$

21

	a)	b)	c)	d)
u	16 cm	7 dm	19 m	3 dm
h	20 cm	7 dm	2,2 m	12 dm
A_G	16 cm²	3,4 dm²	11,8 m²	2 dm²
A_M	320 cm²	49 dm²	41,8 m²	36 dm²
A_O	352 cm²	55,8 dm²	65,4 m²	40 dm²
V	320 cm³	23,8 dm³	25,96 m³	24 ℓ

Leitideen „Funktionaler Zusammenhang" und „Daten und Zufall"

S. 45

22 Beispiele:

a) Regel: ·2; ·3; ·4; ·5 …
4; 8; 24; 96; 480; 2880; 20 160; 161 280; 1 451 520

b) Regel: immer abwechselnd : 3 und + 8
30; 10; 18; 6; 14; $\frac{14}{3}$; $\frac{38}{3}$; $\frac{38}{9}$; $\frac{110}{9}$

c) Regel: immer · 5
$\frac{3}{40}$; $\frac{3}{8}$; $1\frac{7}{8}$; $9\frac{3}{8}$; $46\frac{7}{8}$; $234\frac{3}{8}$; $1171\frac{7}{8}$; $5859\frac{3}{8}$

d) Regel: +2; −1; +3; −2; +4; −3; +5; −4; …
1; 3; 2; 5; 3; 7; 4; 9; 5

e) Regel: Immer abwechselnd +3 und : 3
3; 6; 2; 5; $\frac{5}{3}$; $\frac{14}{3}$; $\frac{14}{9}$; $\frac{41}{9}$

23

a) Individuell, z. B.:
- Familie Schneider begann um 9.30 Uhr mit dem Wandern.
- Sie lief 11 km.
- Von 13.00 Uhr bis 13.30 Uhr ist sie nicht gelaufen.

b) Um 12 Uhr treffen sich der Freund des Sohnes und die Familie Schneider nach 6 km Weg.

24

a) Man kann ablesen, wie groß der Unterschied der Einwandererzahl zu der Auswandererzahl in den Jahren zwischen 1991 und 2009 ist.

b) Im Jahr 2000 wanderten etwa 630 000 Personen aus, im Jahr 2009 waren es etwa 734 000 Personen.

25

a) Jedes Mitglied erhält 15 238 €.

b) Bei sechs Mitgliedern erhält jedes Mitglied 22 857 €, also 7619 € mehr.

26 Angebot 2 ist das günstigste Produkt pro Liter.

27 $3b + 4b$ ist äquivalent zu $7b$
$2x \cdot 4x$ ist äquivalent zu $8x^2$
Folgende Terme sind zu keinem der gegebenen Terme äquivalent: $-2y + 4$; $14xy$; $7x + 2y$; $2y - 4$

28

Term / x	$3x-1{,}2$	$2x^2+1$	$(-\frac{3}{4})+\frac{1}{2}x$
-4	**−13,2**	**33**	**−2,75**
$-2{,}5$	**−8,7**	**13,5**	**−2**
$-1{,}2$	**−4,8**	**3,88**	**−1,35**
0	**−1,2**	**1**	**$-\frac{3}{4}$**
$\frac{1}{4}$	**−0,45**	**1,125**	**$-\frac{5}{8}$**
$1\frac{1}{2}$	**3,3**	**5,5**	**0**

29

a) Eine Kante ist 9,5 cm lang.
b) Die Kante wird halbiert (geviertelt, verdoppelt).

30

a) $a=-5$ **b)** $x=7$
c) $x=\frac{40}{3}=13{,}\overline{3}$ **d)** $x=1$

31

a) $\frac{(24\cdot 23\cdot 22\cdot 21\cdot \ldots \cdot 4\cdot 3\cdot 2\cdot 1)}{(6^8)}\approx 369\cdot 10^{15}$ **b)** 6

Wahlaufgaben: Trigonometrische Berechnungen

S. 46

1 **I** $\tan\alpha=\frac{(\overline{HG}-\overline{AB})}{(\overline{BM}+\overline{MH})}$

II $\overline{HG}=\overline{HG'}$ und deshalb nach dem zweiten Strahlensatz $\frac{\overline{AB}}{\overline{BM}}=\frac{\overline{HG}}{\overline{MH}}$

III $\tan(90°-\beta)=\frac{\overline{BM}}{\overline{AB}}$, also $\tan(90°-\beta)\cdot\overline{AB}=\overline{BM}$

Geschicktes Umformen und Einsetzen der Zahlen ergibt $\overline{HG}\approx 3001$ m.
Der Gipfel hat eine Höhe von etwa 3001 m.

2 Es gelten: $A_{Trapez}=\frac{1}{2}\cdot(6\,\text{m}+12\,\text{m})\cdot h_{Trapez}$;
$\tan(48°)=\frac{h_{Trapez}}{3\,\text{m}}$; $A_{Dreieck}=\frac{1}{2}\cdot 6\,\text{m}\cdot h_{Dreieck}$;
$\tan(28°)=\frac{h_{Dreieck}}{3}$; Giebelfläche: $\approx 34{,}77\,\text{m}^2$
Mit Verschnitt: $\approx 39{,}64\,\text{m}^2$
Es werden mindestens $39{,}64\,\text{m}^2$ Holz für die Verkleidung benötigt.

3 h sei die Höhe des Rathauses ohne die Augenhöhe.
Es gilt: $\tan(17{,}8°)=\frac{h}{(70\,\text{m}+50\,\text{m})}$, also
$h=\tan(17{,}8°)\cdot 120\,\text{m}\approx 38{,}5$ m
Mit der Beachtung der Augenhöhe:
$38{,}5\,\text{m}+1{,}7\,\text{m}=40{,}2\,\text{m}$.
Das Rathaus ist etwa 40,2 m hoch.

4 Es gilt $\sin 45°=\frac{h}{72}$ und $\sin\alpha=\frac{h}{396}$, also $\alpha\approx 7{,}4°$.
Das Flugzeug muss mit einem Winkel von etwa 7,4° Richtung Nordost fliegen.

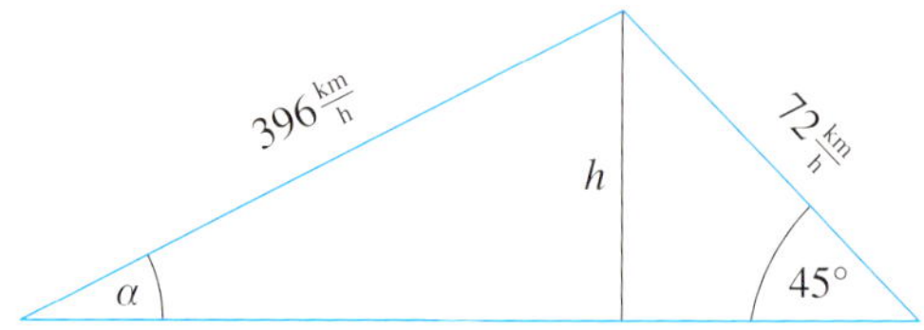

Geometrie/Berechnungen an Körpern und ebenen Figuren

S. 46/47

5 $\overline{AB}=\sqrt{\overline{AC}^2-\overline{BC}^2}=100\,\text{m}$
$A=7500\,\text{m}^2$; $u=350\,\text{m}$
Anzahl der Zaunpfeiler: $350\,\text{m}:5\,\text{m}=70$
Es werden 70 Pfeiler benötigt.

6

a) $A_O=A_G+A_M=(35\,\text{cm})^2+4\cdot\frac{(h_a\cdot 35\,\text{cm})}{2}\approx 3656{,}2\,\text{cm}^2$
mit $h_a=\sqrt{30^2+17{,}5^2}$
$V=\frac{1}{3}\cdot(35\,\text{cm})^2\cdot 30\,\text{cm}=12\,250\,\text{cm}^3$

b) $V=\pi\cdot(5\,\text{cm})^2\cdot 11{,}8\,\text{cm}\approx 926{,}3\,\text{cm}^3$
Die Konservendose fasst etwa $926\,\text{cm}^3=0{,}926\,\ell$.
$A_O=2\cdot\pi\cdot(5\,\text{cm})^2+2\cdot\pi\cdot 5\,\text{cm}\cdot 11{,}8\,\text{cm}\approx 527{,}8\,\text{cm}^2$
; $1000\cdot A_O\approx 527\,787{,}6\,\text{cm}^2$
Man benötigt etwa $527\,787{,}6\,\text{cm}^2$ Blech.

7 $A_M=4\cdot\frac{1}{2}\cdot 4{,}8\,\text{m}\cdot 3{,}6\,\text{m}=34{,}56\,\text{m}^2$
Mit Verschnitt: $34{,}56\,\text{m}^2\cdot 1{,}04\approx 36\,\text{m}^2$
Es werden etwa $36\,\text{m}^2$ Kupfer benötigt.
$360\,000\,\text{cm}^2\cdot 1{,}3\,\text{cm}\cdot 8{,}96\,\frac{\text{g}}{\text{cm}^3}\approx 4{,}03\,\text{t}$
Das Dach wiegt etwa 4,03 t.

8 $V_{Sand}\approx 51{,}8\,\text{m}^3$; $V_{LKW}=3{,}5\,\text{m}^3$ und $\frac{51{,}8}{3{,}5}=14{,}8$.
Der LKW muss 15-mal fahren.

9 Bestimmt man das Verhältnis der Volumina erhält man, dass der Jupiter etwa das 26 776-fache Volumen des Merkurs hat. Jedoch würde der Merkur nicht so oft hinein passen, da man die Kugeln (die Merkure) nicht beliebig dicht packen kann.

10

a) $V\approx 335{,}1\,\text{cm}^3$; $A_O\approx 363{,}7\,\text{cm}^2$
b) $V\approx 4{,}27\,\text{cm}^3$; $A_O\approx 15{,}19\,\text{cm}^2$
c) $V\approx 68{,}0\,\text{cm}^3$; $A_O\approx 101{,}9\,\text{cm}^2$

Lineare Gleichungssysteme

S. 47

11

a) $x=30; y=30$ b) $x=60, y=-52$
c) $x=\frac{2}{3}; y=\frac{8}{3}=2\frac{2}{3}$ d) $x=2; y=4$
e) $x=\frac{76}{9}=8\frac{4}{9}; y=\frac{184}{9}=20\frac{4}{9}$ f) $x=-42; y=23$
g) $x=15; y=20$ h) $x=2; y=1$

12

a) Gleichungssystem: **I** $x+y=50$ **II** $x-y=14$
Lösung: $x=32; y=18$
b) Gleichungssystem: **I** $6+4x=3y-5$ **II** $2x=y-1$
Lösung: $x=4; y=9$
c) Gleichungssystem: **I** $3x+4y=-21$ **II** $2x-4y=10$
Lösung: $x=-\frac{11}{5}=-2{,}2; y=-\frac{18}{5}=-3{,}6$
d) Gleichungssystem: **I** $x+y=12$ **II** $x=\frac{1}{2}y$
Lösung: $x=4; y=8$; die gesuchte Zahl ist 48

13

a) x: Benötigte Zeit von Jochen (in h);
y: Benötigte Zeit von Tabea (in h)
Gleichungssystem: **I** $x-y=\frac{1}{4}$ **II** $16x+20y=24$
Lösung: $x=\frac{29}{36}\approx 0{,}81$; $y=\frac{5}{9}$; 0,81 h entsprechen etwa 48,6 min. Von Jochen zurückgelegte Entfernung: $16\frac{\text{km}}{\text{h}}\cdot\frac{29}{36}\text{h}\approx 12{,}9\text{km}$.
Sie treffen sich nach etwa 49 min etwa 13 km von Jochens Zuhause entfernt.
b) x: Zeit (in h), y: Weg (in Seemeilen)
Gleichungssystem: **I** $y=10x$ **II** $y=35x-43{,}75$
Lösung: $x=1{,}75; y=17{,}5$
Die Boote treffen sich nach $1\frac{3}{4}$ Stunden und 17,5 Seemeilen.
c) x: Zeit (in h), y: Weg (in km) von London aus
Gleichungssystem: **I** $y=950x$
II $y=6250-1150x$
Lösung: $x=\frac{125}{42}; y=\frac{59375}{21}$
Die Flugzeuge treffen sich nach etwa 3 Stunden 2827 km von London entfernt.

Quadratische Gleichungen und quadratische Funktionen

S. 47/48

14

a) $x_1=2{,}4; x_2=1$ b) nicht lösbar
c) $x_1=-8+\sqrt{44}; x_2=-8-\sqrt{44}$
d) $x_1=4; x_2=3$ e) $x_1=\frac{1}{3}; x_2=2$
f) $x_1=-6; x_2=-8$ g) $x_1=1; x_2=-6$

15 Gleichung: $x\cdot(x+1)=6972$
Lösung ist nicht eindeutig: entweder 83 und 84 oder −84 und −83

16 a: Seitenlänge
$a\cdot(a+11)=453{,}75$, also $a=16{,}5$; $u=4\cdot a+22=88$
Der Umfang beträgt 88 cm.

17 Der Punkt liegt auf der Parabel. Scheitelpunkt: $S(7;3)$; Schnittpunkt mit der y-Achse: $(0;52)$
Es gibt keinen Schnittpunkt mit der x-Achse.

18 Die Kugel hat die maximale Höhe von 3,5 m nach einer Entfernung von 3 m erreicht.
Leonie stößt die Kugel etwa 7,18 m weit.

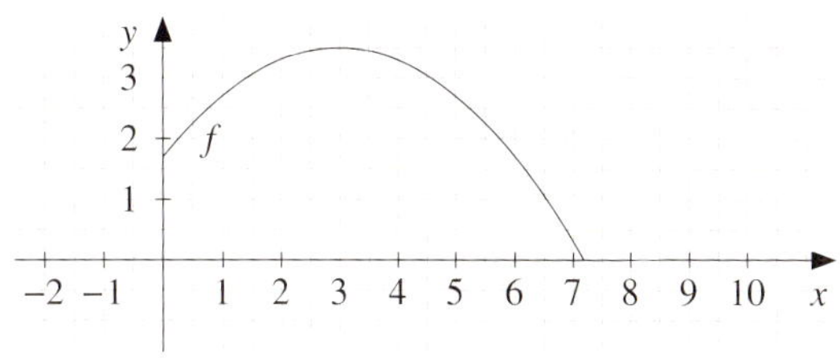

Der Graph der Funktion $g(x)$ ist nach oben geöffnet.

19 Der Beckenrand muss 2,59 m entfernt sein.

20 Die Brücke ist etwa 121,4 m hoch. Die Spannbreite beträgt etwa 518 m.

Wachstumsprozesse

S. 48

21

a) lineares Wachstum: $y=240+t\cdot 60$
b) exponentielle Abnahme: $y=1100\cdot 0{,}4^t$
c) exponentielles Wachstum: $y=x\cdot 2^t$ (x Algenanzahl zu Beginn)
d) lineares Wachstum: $y=400+80\cdot t$
e) lineare Abnahme: $y=15-1{,}5\cdot t$
f) exponentielles Wachstum: $y=G\cdot 1{,}0325^t$ (G Startguthaben)

22

a) Der Wachstumsfaktor ist 1,04.
b) $y=7000\cdot 1{,}04^t$; Nach sechs Jahren ist das Kapital auf etwa 8857,23 € angewachsen.
c) $14000=7000\cdot 1{,}04^t$, also $2=1{,}04^t$,
also $t=\frac{\ln 2}{\ln 1{,}4}\approx 17{,}67$
Nach 18 Jahren hat sich das Guthaben verdoppelt.

23 Durch die Barzahlung spart Frau Schmitz $4985\,€ \cdot 0{,}02 = 99{,}70\,€$. Die Überziehungszinsen betragen: $1550\,€ \cdot 0{,}119 \cdot \frac{25}{360} \approx 12{,}81\,€$. Also spart sie bei einer Barzahlung $99{,}70\,€ - 12{,}81\,€ = 86{,}89\,€$, wenn man die Überziehungsgebühren beachtet.
Frau Schmitz sollte bar zahlen.

24 k = Anzahl des Faltens
Flächeninhalt eines DIN-A-k-Blattes: $A_k = \left(\frac{1}{2}\right)^k$
$A_2 = \frac{1}{4}\text{m}^2$; $A_3 = \frac{1}{8}\text{m}^2$; $A_4 = \frac{1}{16}\text{m}^2$; $A_5 = \frac{1}{32}\text{m}^2$; $A_6 = \frac{1}{64}\text{m}^2$

25 Eine 30 mm dicke Platte verringert die Strahlung auf etwa 15 % der Ausgangsstrahlung.
Die Bleiplatte muss rund 109,6 mm dick sein, damit nur ein Tausendstel der Strahlung hindurch gelangt.

Beschreibende Statistik

S. 48/49

26 Median: 3,5; Modalwert: 2; Arithmetisches Mittel: 3,9; Spannweite: 8; Standardabweichung: ≈ 2,4

27

Sendung	Anzahl aller in Mio	Anzahl der Testpersonen
Tagesschau (20 Uhr)	7,04	1268
Wolfsfährte	5,92	1066
Sportschau Fußball	5,73	1032
Boxen im Ersten	4,62	832
Sportschau	3,35	603
Ziehung der Lottozahlen	3,07	553
Boxen im Ersten (Studio)	2,43	438
Tagesthemen	2,23	402
Das Wetter im Ersten	1,97	355
Tagesschau (17 Uhr)	1,95	351

28

a) Die Höhe der Wolken repräsentiert den Ausstoß der CO_2-Menge, das Auge nimmt aber den Flächeninhalt oder sogar das Volumen war. Der Flächeninhalt vervierfacht sich aber mit Verdopplung der Höhe, das Volumen verachtfacht sich sogar. Das unsanierte Haus stößt also im Verhältnis zu den anderen Haustypen vielmehr CO_2 aus, als es auf den ersten Blick scheint.

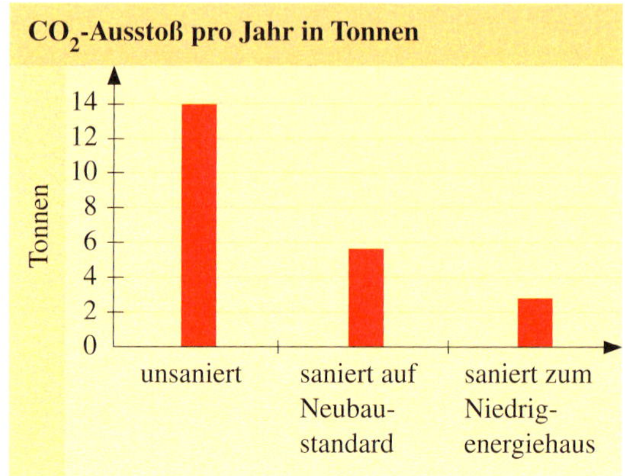

b) Durch das Abschneiden der y-Achse wirken Sunrisetele und Teleblue doppelt so teuer wie Teli.

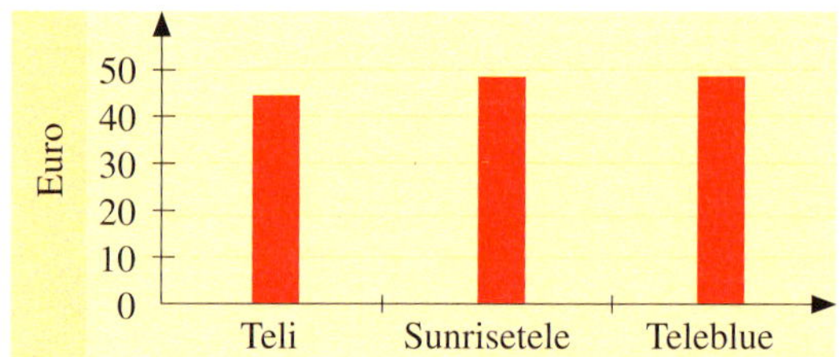

Wahrscheinlichkeitsrechnung

S. 49

29

a) P(„ungerade Zahl") = 50 % = P(„gerade Zahl")
b) P(„2 Wappen") = 25 % = P(„2 Zahl")
c) P(„Sieben") = 12,5 % = P(„Acht") = P(„Neun") = … = P(„Ass")
d) P(„3 Wappen") = 12,5 % = P(„3 Zahlen")
e) P(„kurzes Streichholz") = 25 %
f) P(„durch 2 teilbar") = 50 % = P(„nicht durch 2 teilbar")
g) P(„Gewinn") = 12,5 %
h) P(„4, 5, 7, 8") ≈ 10,8 % = P(„beliebige 4 Zahlen")

30 Es könnten 18 Kugeln in der Urne liegen, drei rote, vier weiße, sechs gelbe und fünf blaue.

31 Man berechnet die relativen Häufigkeiten und schließt somit auf das tatsächliche Verhältnis.
In der Urne liegen wahrscheinlich 14 rote, 5 weiße, 7 gelbe und 4 grüne Kugeln.

32

a) $P(\text{„3 weiße Kugeln“}) = \frac{6}{11} \cdot \frac{6}{11} \cdot \frac{6}{11} \approx 16{,}23\,\%$
$P(\text{„2 gelbe und 1 weiße Kugel“})$
$= \frac{6}{11} \cdot \frac{5}{11} \cdot \frac{5}{11} + \frac{5}{11} \cdot \frac{6}{11} \cdot \frac{5}{11} + \frac{5}{11} \cdot \frac{5}{11} \cdot \frac{6}{11} \approx 33{,}8\,\%$

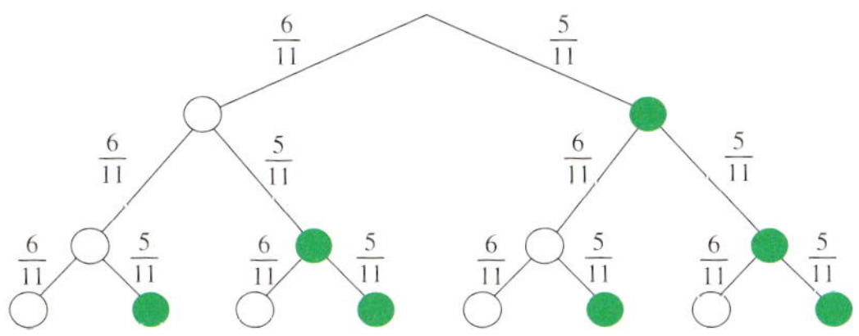

b)

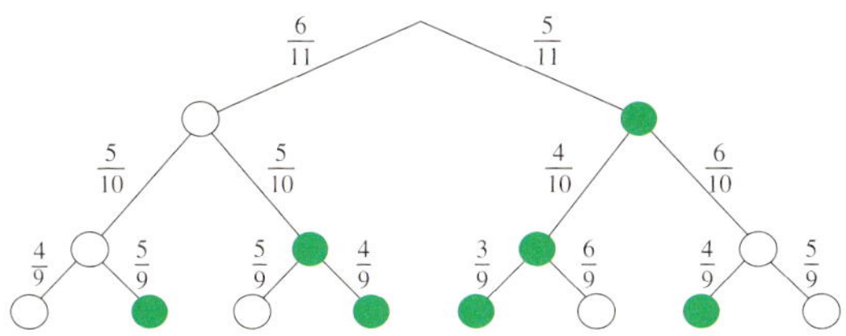

Komplexe Aufgaben

S. 50/51

1

a) *Schätzwerte*: Absperrung: etwa 1 m hoch; Durchmesser: etwa 3,5 m; Höhe: etwa 6 m
$V \approx 19{,}24\,\text{m}^3$, $A_O \approx 43{,}98\,\text{m}^2$

b) Ein Weihnachtsstern nimmt etwa 20 cm · 20 cm der Mantelfläche ein (Schätzwert).
Man benötigt etwa 859 Weihnachtssterne.

c) Umsatz 2010:
$U_{10} = 0{,}88 \cdot U_{09} + 0{,}12 \cdot 1{,}15 \cdot U_{09} = 74{,}314 \cdot 10^9\,€$
2 % von 73 Milliarden €: 1,46 Milliarden €
$U_{10} - U_{09} = 1{,}314$ Milliarden €
Die Differenz der Umsätze aus 2010 und 2009 entspricht etwa den 2 % des Umsatzes aus 2009. Also stimmen die Angaben näherungsweise.

d) Mehrfachnennungen waren erlaubt, da sich in der Summe mehr als 100 % ergeben.

e) Bei den Frauen wünschten sich 27,5 % Parfüm und 27,1 % Gutscheine. Bei den Männern wünschten sich 18 % Parfüm und 20,9 % Gutscheine.

f) 12,1 % der Frauen und 24,7 % der Männer erhielten Technik- und Elektronikgeräte.

g) Bei den Männern wurde der Wunsch nach Technik- und Elektronikgeräten am wenigsten berücksichtigt.
Bei den Frauen wurde der Wunsch nach Gutscheinen am wenigstens berücksichtigt. Außerdem bekamen viele Frauen Parfüm geschenkt, obwohl sie es sich nicht wünschten.

2

a) Der Durchmesser beträgt etwa 9,1 m.

b) Weströhre: $V = 3\,703\,570\,\text{m}^3$
Oströhre: $V = 3\,710\,915\,\text{m}^3$
Gesamtvolumen: $V = 7\,414\,485\,\text{m}^3$
Es wurden $7\,414\,485\,\text{m}^3$ Gestein abgebaut.

c) Volumenverbindungsstollen:
$V = 1{,}33 \cdot 10^6\,\text{m}^3 - 7\,414\,485\,\text{m}^3 = 5\,885\,515\,\text{m}^3$
Auf die Quer- und Verbindungsstollen fällt ein Gesamtvolumen von $5\,885\,515\,\text{m}^3$ Gestein.

d) 40 % von $5\,885\,515\,\text{m}^3$ sind $5\,320\,000\,\text{m}^3$.
Es wurden $5\,320\,000\,\text{m}^3$ Gestein für die Betonherstellung genutzt.

e) *Skizze*:

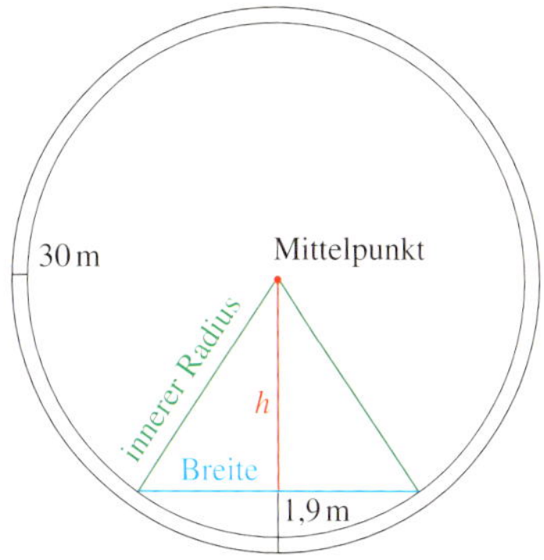

$r = 4{,}55\,\text{m} - 0{,}3\,\text{m} = 4{,}25\,\text{m}$;
$h = 4{,}55\,\text{m} - 1{,}9\,\text{m} = 2{,}65\,\text{m}$
Satz des Pythagoras anwenden:
$\left(\frac{b}{2}\right)^2 = r^2 - h^2 = 11{,}04\,\text{m}^2$, also $\frac{b}{2} \approx 3{,}32\,\text{m}$,
also $b \approx 6{,}64\,\text{m}$
Die Breite beträgt maximal 6,64 m.

3

a) Sinussatz anwenden: $\frac{150\,\text{m}}{\sin(15°)} = \frac{\overline{RB}}{\sin(46°)}$,
also $\overline{RB} \approx 417\,\text{m}$
Die Strecke zwischen den beiden Anlegepunkten beträgt etwa 417 m.

b) Anzahl der Fahrten an Werktagen: 46 von Bingen nach Rüdesheim, 45 von Rüdesheim nach Bingen
Anzahl der Fahrten an Sonn- und Feiertagen: 42 von Bingen nach Rüdesheim, 41 von Rüdesheim nach Bingen
$46 \cdot 20 = 920$; $45 \cdot 20 = 900$;
$42 \cdot 20 = 840$; $41 \cdot 20 = 820$
Es können werktags maximal 920 Pkw von Bingen nach Rüdesheim und 900 Pkw von Rüdesheim nach Bingen transportiert werden. Sonn- und Feiertags können maximal 840 Pkw von Bingen nach Rüdesheim und in die umgekehrte Richtung maximal 820 Pkw transportiert werden.

Glossar

Ähnlichkeit
Zwei Figuren heißen ähnlich, wenn sie durch eine maßstabsgetreue Abbildung aufeinander abgebildet werden können.

Äquivalenzumformungen
Die Lösung einer Gleichung ändert sich durch folgende *Äquivalenzumformungen* nicht:
- Auf beiden Seiten wird dieselbe Zahl addiert oder subtrahiert.
- Beide Seiten werden mit derselben Zahl (außer null) multipliziert oder durch dieselbe Zahl (außer null) dividiert.
- Die beiden Seiten werden vertauscht.
- Die Terme werden umgeformt oder zusammengefasst.

Arithmetisches Mittel
Das arithmetische Mittel (der Durchschnitt) einer Datenmenge ist die Summe aller Daten dividiert durch die Anzahl der Daten.

Bogenmaß
Das Bogenmaß eines Winkels α ist die Länge b des zugehörigen Kreisabschnitts auf dem Einheitskreis.
Zwischen dem Bogenmaß b und der Winkelgröße α in Grad besteht der folgende Zusammenhang: $\frac{\alpha}{360°} = \frac{b}{2\pi}$
Beim Rechnen mit dem Bogenmaß muss der Taschenrechner auf *RAD* gestellt werden.

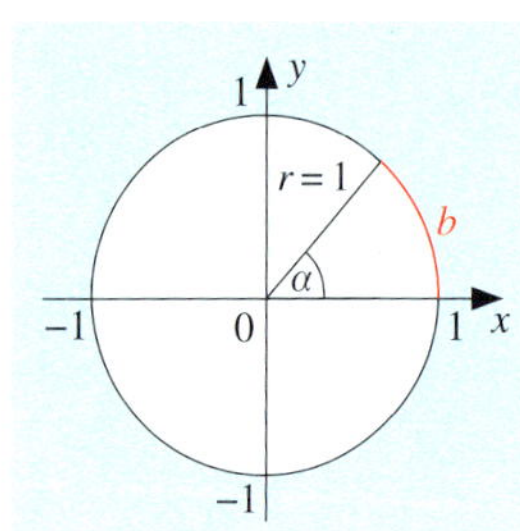

Exponentialfunktionen
Funktionen mit Funktionsgleichungen der Form $y = b^x$ mit $b > 0$, $b \neq 1$ nennt man Exponentialfunktionen (zur Basis b).

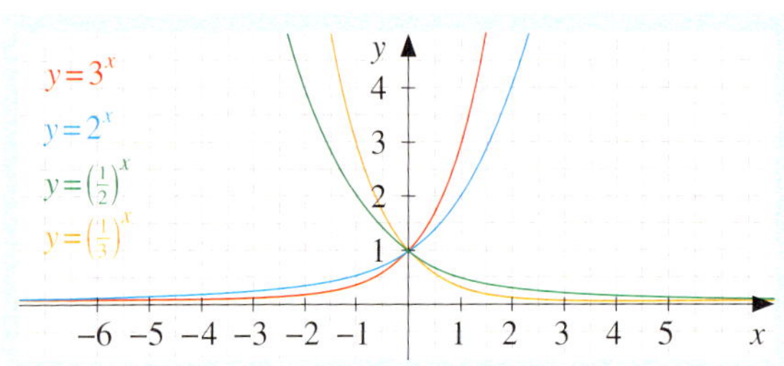

Exponentielles Wachstum
Verändert sich eine Größe in gleich großen Abständen immer um einen konstanten Faktor, so wächst diese Größe exponentiell. Exponentielles Wachstum lässt sich durch Exponentialfunktionen beschreiben.

Kegelberechnung
Oberflächeninhalt eines Kegels:
$A_O = \pi r + \pi r s = \pi r(r + s)$

Volumen eines Kegels: $V = \frac{1}{3}\pi r^2 h$

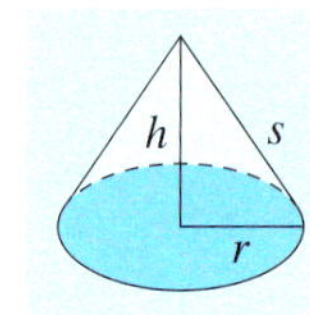

Kosinusfunktion
Die Funktion mit der Funktionsgleichung $f(\alpha) = \cos\alpha$ heißt Kosinusfunktion. Ihr Graph heißt Kosinuskurve.

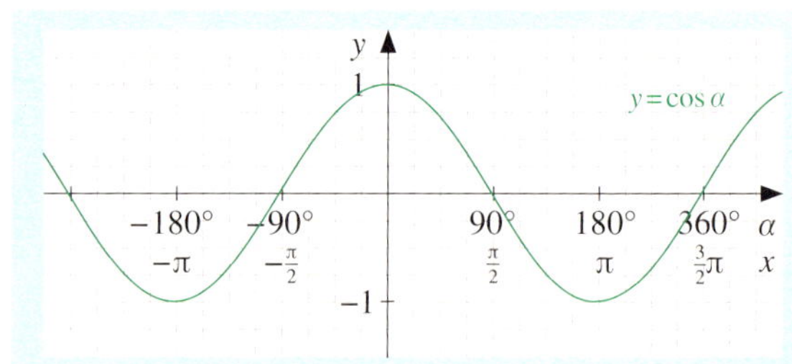

Kosinussatz
In jedem Dreieck mit den Seiten a, b und x und den jeweils gegenüberliegenden Winkeln α, β und γ gelten die folgenden Gleichungen: $c^2 = a^2 + b^2 - 2ab \cdot \cos\gamma$; $a^2 = b^2 + c^2 - 2bc \cdot \cos\alpha$ und $b^2 = a^2 + c^2 - 2ab \cdot \cos\beta$.

Kreisberechnung
Für jeden Kreis ist das Verhältnis $\frac{u}{d}$ zwischen dem Umfang u und dem Durchmesser d stets gleich groß. Diese Konstante nennt man Kreiszahl Pi (π). Die Zahl π ist eine irrationale Zahl und lässt sich nur näherungsweise angeben, $\pi \approx 3{,}14$.
Umfang eines Kreises: $u = \pi d = 2\pi r$
Flächeninhalt eines Kreises: $A = \pi r^2$

Kugelberechnung
Oberflächeninhalt einer Kugel:
$A_O = 4\pi r^2$
Volumen einer Kugel: $V = \frac{4}{3}\pi r^3$

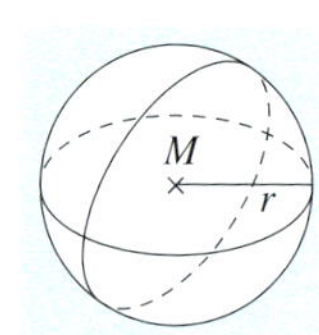

Logarithmen
Die Lösung einer Gleichung der Form $b^x = y$ mit $b, y > 0$ und $y \neq 1$ heißt Logarithmus von y zur Basis b.
Schreibweise: $x = \log_b y$.
$\log_b y$ ist die Zahl, mit der b potenziert werden muss, um y zu erhalten.

Mittlere Abweichung

Die mittlere Abweichung a ist ein Streumaß einer Datenmenge. Sie ist die Summe aller Abstände der Datenwerte vom arithmetischen Mittel m dividiert durch die Anzahl der Daten.

Als Formel: $a = \frac{|x_1 - m| + |x_2 - m| + \ldots + |x_n - m|}{n}$

Normalparabel

Den Graphen der quadratischen Funktion mit der Gleichung $y = x^2$ nennt man Normalparabel.

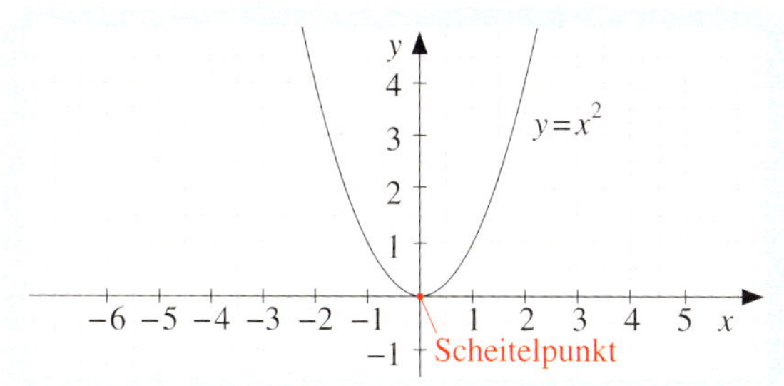

Potenzen

$\underbrace{a \cdot a \cdot \ldots \cdot a}_{n\text{-mal}} = a^n$ für $a \in \mathbb{R}$, $n \in \mathbb{N}$

Sonderfälle: $a^1 = a$, $a^0 = 1$, $a \neq 0$, 0^0 ist nicht definiert.

$a^{-n} = \frac{1}{a^n}$ für $a \neq 0$, $n \in \mathbb{N}$

$a^{\frac{n}{m}} = \sqrt[m]{a^n}$ für $a \in \mathbb{R}$, $a \geq 0$ und $n, m \in \mathbb{N}$, $n, m \neq 0$

Potenzfunktionen

Eine Funktion mit einer Funktionsgleichung der Form $y = x^n$ für eine ganze Zahl n nennt man Potenzfunktion. Für positive Exponenten sind die Funktionsgraphen Parabeln. Für negative Exponenten sind die Funktionsgraphen Hyperbeln.

Für gerade Exponenten sind die Funktionsgraphen symmetrisch zur y-Achse. Für ungerade Exponenten sind die Funktionsgraphen punktsymmetrisch zum Ursprung.

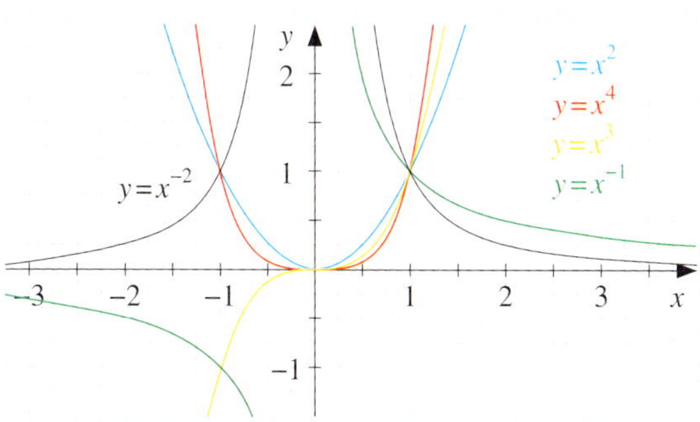

Potenzgesetze

Für $a, b \in \mathbb{R}$ $a, b \neq 0$ und $p, q \in \mathbb{Z}$ gilt:

$a^p \cdot a^q = a^{p+q}$ $\qquad$ $a^p : a^q = \frac{a^p}{a^q} = a^{p-q}$

$a^p \cdot b^p = (a \cdot b)^p$ $\qquad$ $a^p : b^p = \frac{a^p}{b^p} = (a : b)^p$

Sind a und b positiv, so gelten die Gesetze auch für $p, q \in \mathbb{Q}$.

Prismenberechnung

Oberflächeninhalt eines Prismas: $A_O = 2 \cdot A_G + A_M$

Volumen eines Prismas: $V = A_G \cdot h$

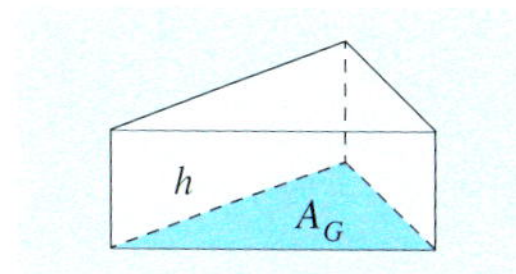

Pyramidenberechnung

Oberflächeninhalt einer Pyramide: $A_O = A_G + A_M$

Für eine quadratische Pyramide gilt: $A_M = 4 \frac{h_a \cdot a}{2}$, mit $h_a = \sqrt{h^2 + (\frac{a}{2})^2}$.

Volumen einer Pyramide: $V = \frac{1}{3} \cdot A_G \cdot h$

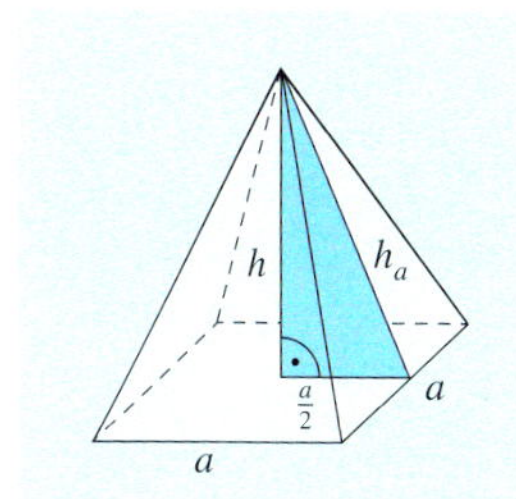

Rechtwinklige Dreiecke

In rechtwinkligen Dreiecken nennt man die einem spitzen Winkel gegenüberliegende Kathete Gegenkathete von diesem Winkel. Die anliegende Kathete nennt man Ankathete.

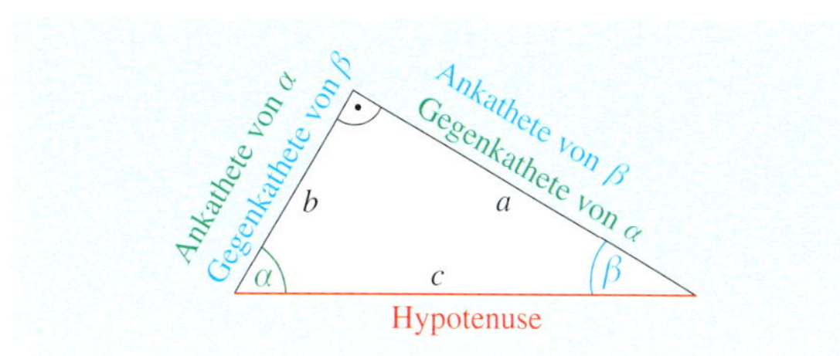

In rechtwinkligen Dreiecken sind die Seitenverhältnisse eindeutig durch einen der beiden spitzen Winkel festgelegt.

Einige Seitenverhältnisse in rechtwinkligen Dreiecken tragen Namen.

Sinus von α: $\sin \alpha = \frac{\text{Gegenkathete von } \alpha}{\text{Hypotenuse}}$

Kosinus von α: $\cos \alpha = \frac{\text{Ankathete von } \alpha}{\text{Hypotenuse}}$

Tangens von α: $\tan \alpha = \frac{\text{Gegenkathete von } \alpha}{\text{Ankathete von } \alpha}$

Sinusfunktion

Die Funktion mit der Funktionsgleichung $f(\alpha) = \sin\alpha$ heißt Sinusfunktion. Ihr Graph heißt Sinuskurve.

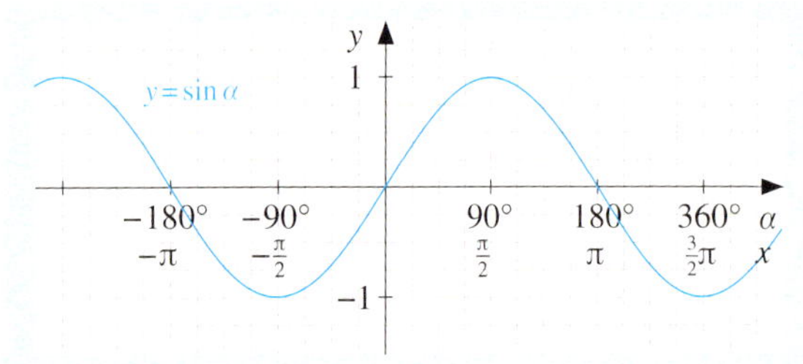

Sinussatz

In jedem Dreieck sind jeweils alle Quotienten aus einer Seitenlänge und dem Sinus des gegenüberliegenden Winkels gleich groß.

Als Formel: $\frac{a}{\sin\alpha} = \frac{b}{\sin\beta} = \frac{c}{\sin\gamma}$

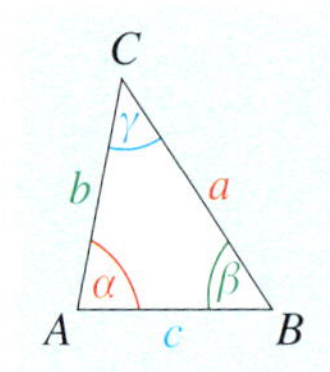

Standardabweichung

Die Standardabweichung ist die Quadratwurzel aus der Varianz.

Strahlensätze

Werden zwei sich im Punkt Z schneidende Geraden von zwei Parallelen geschnitten, so gelten für die dadurch entstehenden Teilstrecken die folgenden Verhältnisgleichungen:

1. Strahlensatz:

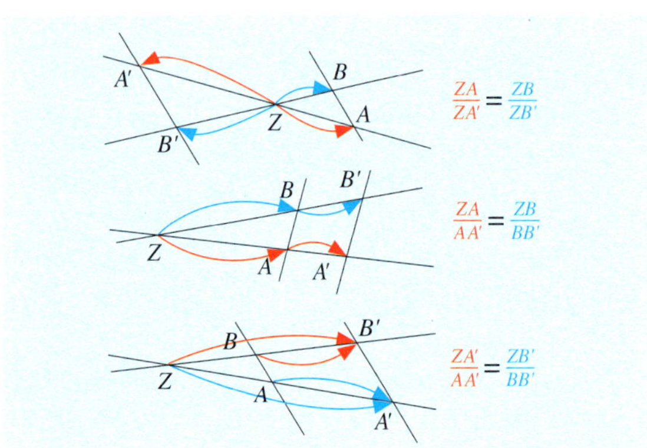

2. Strahlensatz:

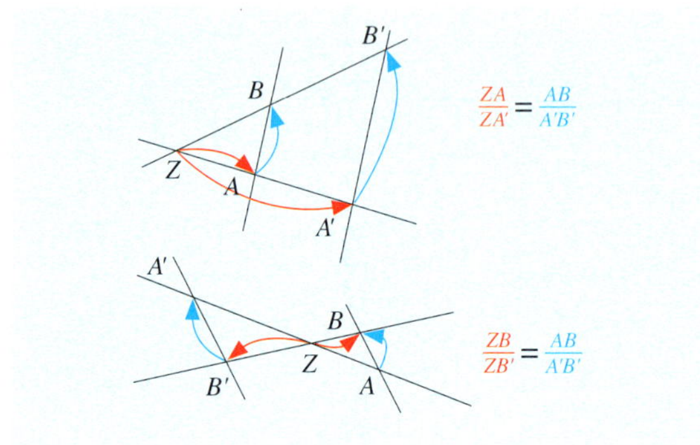

Varianz

Die Varianz v ist ein Streumaß einer Datenmenge. Sie ist die Summe aller quadratischen Abweichungen vom arithmetischen Mittel m dividiert durch die Anzahl der Daten.

Als Formel: $v = \frac{(x_1 - m)^2 + (x_2 - m)^2 + \ldots + (x_n - m)^2}{n}$

Wurzeln

Die Quadratwurzel einer Zahl a ist diejenige positive Zahl, die mit sich selbst multipliziert a ergibt. Schreibweise: $\sqrt{a}$

Die n-te Wurzel aus einer nicht negativen reellen Zahl a ist die nicht negative Zahl x für die gilt $x^n = a$.

Schreibweise: $\sqrt[n]{a} = x$

Das Wurzelziehen ist eine Umkehrung des Potenzierens.

Zusammengesetzte Körper

Oberflächeninhalt: Entsteht der Körper durch Zusammenfügen von Teilkörpern, werden die Oberflächeninhalte der Teilkörper addiert und anschließend die Flächen der Teilkörper subtrahiert, die verdeckt sind.

Entsteht der Körper durch Entfernen von Teilkörpern, müssen möglicherweise neue Flächen addiert werden.

Volumen: Entsteht der Körper durch Zusammenfügen von Teilkörpern, werden die Volumina der Teilkörper addiert.

Entsteht der Körper durch Entfernen von Teilkörpern, werden die Volumina der Teilkörper subtrahiert.

Zylinderberechnung

Oberflächeninhalt eines Zylinders:

$A_O = 2\pi r^2 + 2\pi r h = 2\pi r(r + h)$

Volumen eines Zylinders:

$V = \pi r^2 h$

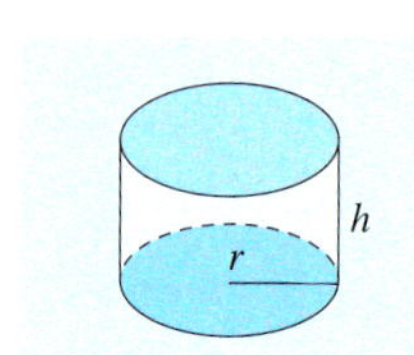